U0456624

 聚焦核心业务提升核心能力**系列教材**

超特高压输电线路
无人机现场作业技术

中国南方电网有限责任公司超高压输电公司 编

中国电力出版社
CHINA ELECTRIC POWER PRESS

内 容 提 要

本书从超特高压输电线路和无人机巡检技术的发展概况出发，全面介绍了无人机输电线路巡检作业的基础知识，系统阐述了可见光及红外巡检、三维扫描与检测的规范作业流程，收集总结了架空输电线路无人机七种特殊作业，并对无人机数据处理分析进行了全面的解析。全书设置章前导读和章后导练，图文并茂，知识性与实用性兼备，能够作为超特高压输电线路无人机现场作业人员岗位培训、日常学习、技能竞赛的指导书和参考书。

图书在版编目（CIP）数据

超特高压输电线路无人机现场作业技术 / 中国南方电网有限责任公司超高压输电公司编.
北京：中国电力出版社，2024. 10. — ISBN 978-7-5198-9020-9

Ⅰ. TM726. 1

中国国家版本馆 CIP 数据核字第 2024CZ2688 号

出版发行：中国电力出版社
地　　址：北京市东城区北京站西街 19 号（邮政编码 100005）
网　　址：http://www.cepp.sgcc.com.cn
责任编辑：高　芬（010-63412717）
责任校对：黄　蓓　王海南
装帧设计：张俊霞
责任印制：石　雷

印　　刷：三河市万龙印装有限公司
版　　次：2024 年 10 月第一版
印　　次：2024 年 10 月北京第一次印刷
开　　本：710 毫米 ×1000 毫米　16 开本
印　　张：13.5
字　　数：225 千字
印　　数：0001—1500 册
定　　价：85.00 元

本书编委会

主　　任　李庆江　叶煜明

副 主 任　潘　超　王国利

委　　员　贺　智　李小平　冯　鹄　朱迎春　曹小拐

本书编写组

主　　编　叶煜明　王国利

副 主 编　楚金伟　曹小拐　郑武略　甘　鹏　蒋　龙

编写人员　韩竹平　陈　浩　张予阳　方　博　贺敏恒　罗　凯
　　　　　刘　莉　谢　超　高东明　唐颖章　戴永东　丁　建
　　　　　刘权莹　郭可贵　孙　嫱　赵金阳　王茂飞　王神玉
　　　　　凌　劲　马　超　魏传虎　张文彬　何　涛　黄俊波
　　　　　全　晗　谭毓卿

序

当前，南方电网公司正处于建设世界一流企业的重要时期，部署了"九个强企"建设提升核心竞争力、增强核心功能，对直流输电的可靠性指标、运营能力、人才发展、技术创新、标准体系等核心要素提出了更高要求。作为南方区域西电东送的责任主体，随着新型电力系统及新型能源体系构建，迫切需要固底板、铸长板、补短板、扬优势，进一步提升直流核心竞争力，壮大竞争优势，支撑公司全面建成具有全球竞争力的世界一流跨区域输电企业。

人才作为"第一资源"，其培养工作是基础性、系统性、战略性工程。习近平总书记对实施新时代人才强国战略、加强和改进教育培训工作作出一系列重要论述、提出一系列明确要求，为行业和企业做好人才培养、打造一流产业工人队伍提供了根本遵循和行动指南。教材在建设人才强国中具有重要作用，党的二十大报告在科教兴国战略中指出要加强教材建设和管理。南网超高压公司坚持为党育人、为国育才，按照南方电网公司教育培训体系建设的统一部署，深入推动基层聚焦核心业务、提升核心能力建设工作，提升"三基"建设工作质量。以建设专业齐全、结构合理、阶段清晰的培训内容体系为目标，着力打造适应高质量发展要求的员工培训教材，帮助员工学习、掌握、研究核心业务与关键技术，加速提升员工履职能力、助力员工适岗成才，夯实公司建设世界一流企业的人才基础。

近年来，南网超高压公司立足新发展阶段，贯彻高质量发展要求，紧跟新型电力系统发展趋势，紧贴生产经营实际，根据超特高压直流输电核心技术、人才培养经验成效，基于员工对专业知识学习需要，综合考虑教材开发规模、专家队伍、专业发展等因素，采取了"统一框架、逐批开发、稳步成系列"的建设思路，围绕生产一线核心业务聚焦核心能力，今年我们首批出版开关检修类、无人机巡检类、输电材料制造工艺类三部教材，力争在2025

年实现公司级教材对一线核心业务的全覆盖。

　　系列教材的出版，对电网企业人才发展是一个积极的推动。不仅适合于各专业人员的教学和参考，而且适合于专业领域研究参考。当然，在本书内容的编撰中，有的地方还有待我们进一步推敲和优化，欢迎使用本系列教材的读者提出宝贵意见和建议，我们将持续完善。我相信，这套教材对员工个人学习成长将是非常有益的。在此，我感谢中国电力出版社和参编人员做出了这样一件有意义、有价值的工作。

李在江

2024 年 9 月

　　架空输电线路不断增加，线路运维环境日趋复杂，这对架空输电线路的运维检修要求越来越高。传统的人工巡检方式因存在诸多限制，导致巡检效率低下、无法有效保障电网的安全运营。在此背景下，无人机巡检技术在架空输电线路巡检中得到大量应用，它具有不受地形环境限制、效率高、作业范围广等优势。但是架空输电线路无人机巡检对作业人员的要求较高，不仅需操控无人机完成常规飞行动作，还需具备精湛的技能水平，精准控制无人机到达每一个巡检点位开展作业。

　　为全面提升超特高压输电线路无人机现场作业技术，南方电网有限责任公司超高压输电公司培训与评价中心组织电力行业的专家，在广泛调研的基础上结合无人机在超特高压输电线路现场作业中的实际应用情况编写了本书，旨在全面介绍作业人员必须掌握的理论知识及技术案例分析，强调安全作业和标准化作业，满足技能人员的实操培训需求，从而提高无人机全周期闭环应用能力，提升我国电网智能运检水平。

　　本书共 6 章，以超特高压输电线路无人机电力巡检培训为目标，以电力巡检飞行技巧和专业后处理技术能力为核心，以实际操作技能为主线，设置章前导读和章后导练，从无人机巡检概述、基础知识、可见光及红外巡检、三维扫描与检测、特殊作业、数据处理分析等方面系统梳理并详细描述超特高压输电线路无人机巡维作业应具备的理论知识、实操技能和典型案例，集合无人机基础理论和飞行技术培训，构建超特高压输电线路无人机巡检培训技术体系。

　　本书的内容充分展示了电力行业关于超特高压输电线路无人机现场作

业技术的最新成果和前沿进展，凝结了全行业专家的经验和智慧，具有较高的实用性、系统性、权威性和前瞻性。本书的出版能够为超特高压输电线路无人机现场作业提供理论支持和技术体系的支撑，规范无人机现场作业人员专业能力培训。

在本书的编写过程中，编写组进行了多方调研，广泛收集相关资料，并在此基础上进行了专业的提炼和总结，以期所写内容能够使读者充分了解和掌握超特高压输电线路无人机现场作业的理论知识和专业技能。但无人机技术发展迅速，关键理论的研究在不断更新，技术体系的搭建也在不断完善，书中所写内容可能有所欠缺，恳请读者理解，并衷心希望读者提出宝贵的意见和建议。

编者

2024 年 4 月

目 录

章前导读

导读

    超特高压输电技术广泛应用于跨区域大容量输电工程，该技术能最大限度地满足我国的供电需求，同时，它也有助于节约成本和降低电能损耗。通过应用无人机对超特高压输电线路进行巡检已成为输电运维的主要技术手段。本章简要介绍我国超特高压输电工程发展现状和输电无人机应用发展历程。

重难点

    重点介绍超特高压输电线路的划分及优点、无人机巡检技术发展历程。

    难点是对无人机开展输电巡检意义的理解。

第1章 无人机巡检概述

1.1 超特高压输电线路介绍

电力是影响国家经济发展的重要能源，电力企业通过将各种一次能源转换成电能供给生产和生活使用，促进国家经济的发展。随着全社会用电量的不断增长，对提高电力输送效率的需求也在不断增强。根据电压等级不同，可分为中低压、高压、超高压、特高压几大类，在我国电网中，中低压是指10、35kV 和 66kV 电压等级，高压是指 110kV 和 220kV 电压等级，超高压是指330、500kV 和 750kV 电压等级，特高压是指 1000kV 交流电压和 ±800kV 直流电压等级。

特高压具有大容量、远距离输电、损耗小的特点，发展特高压可以极大提高我国电网的输送能力。由于我国的电力资源分布极不均衡，因此国内电力建设对特高压的需求保持高位。据分析，一回路特高压直流电网可以送 600 万 kW 电量，相当于现有 500kV 直流电网的 5～6 倍，且输电距离是后者的 2～3 倍，输送距离高达 2000～3000km 输电效率大幅提升；另外，输送同样功率的电量，如果采用特高压线路输电可以比采用 500kV 高压线路节省 60% 的土地资源。

随着"十四五"期间全国的电网投资大幅增加，国内特高压工程建设全面加速。目前，国家电网有限公司已累计建成多项特高压工程。预计到 2030 年，国家电网有限公司跨区跨省输电能力将继续稳步提高，为各类清洁能源发展提供坚强网架支撑。中国南方电网有限责任公司投运输电线路总长度创新高，目前西电东送已经形成"八条交流、十一条直流"多条 500kV 及以上大通道，送电规模超过 5000 万 kW，进一步巩固了我国特高压输电技术的国际领先优势。

据统计，2008～2020 年，中国特高压线路长度增长迅速，在运行的新建特高压线路的总长度超过了绕地球赤道一圈的长度。截至 2023 年底，我国已经完成了多个特高压工程项目，在大范围的能源优化配置中发挥了主导作用，累计输送电量呈现不断增长的趋势。

我国以特高压为骨干网架的坚强智能电网一旦建成，可以有效支撑各种新能源开发利用和高比例并网，实现各类能源设施便捷接入。未来特高压建设工程建设将继续创新，将首次研发柔直常规的混合级联特高压直流输电技术，研发应用能够快速实现毫秒级能量平衡的可控自恢复消能装置，将特高压直流馈入由依赖电网转变为支撑电网。

随着架空输电线路的不断增加，线路运维环境日趋复杂，对架空输电线路的运维要求也在不断提高，而输电线路的运维人员并没有随着运维线路的增长而增加人员，为此也需要通过更为智能、高效的输电线路运维技术来保障电网的安全健康运行。

1.2 输电线路无人机巡检技术发展历程

输电线路覆盖区域广，穿越区域地形复杂，自然环境恶劣，绝大多数架空输电线路设备长期暴露在野外，为了掌握线路的运行状况并及时排除线路故障、缺陷或潜在隐患，每年都要投入大量人力、物力进行线路巡检，输电线路运维管理难度极大。早期架空输电线路的巡检主要依赖人工巡检，通过运维人员肉眼观察线路的状况，但这种方式存在特殊地形和气象条件下巡检困难、不易发现瓶口及以上部位缺陷、巡检效率低等问题，已经无法满足快速发展的电力工业的需求。

随着巡检技术的进步，尤其是红外检测、紫外检测和无人机的深入应用，架空输电线路巡检技术迎来了重大突破。这些新技术不仅提升了巡检效率，而且大大提高了巡检的精度和可靠性，减少了人为操作的风险。当前最主流的架空输电线路无人机巡检技术发展历程大致可以分为以下几个阶段：

（1）初期探索阶段（20 世纪 80 年代）：在这个阶段，部分电力公司开始尝试使用无人机对输电线路进行巡检，但主要局限于试验和研究，并未得到广泛应用。

（2）技术发展阶段（20 世纪 90 年代至 21 世纪初）：随着无人机技术的不断发展，输电线路无人机巡检逐渐成为可能。在这个阶段，研究人员开始关注无人机的续航能力、飞行稳定性、图像传输等方面，为后续的应用打下了基础。

（3）应用推广阶段（2010年至今）：随着无人机精准定位技术和自动驾驶技术的不断成熟，输电线路无人机巡检得到了越来越广泛的应用。在这个阶段，无人机制造商开始针对输电线路巡检的需求，开发出专用的无人机机型和巡检系统，提高了巡检的效率和安全性。国内电网也在这一时期开始推进无人机巡检试点工作。

国家电网有限公司于2013～2015年在多家省公司开展了"输电线路直升机、无人机和人工协同巡检模式试点"工作，初步建立了制度标准体系、检测体系、培训体系和保障体系。根据试点工作成果，于2015年在公司范围内全面推广小型多旋翼和固定翼无人机巡检，2020年覆盖各电压等级输电线路，实现规模化应用，全面提高线路的运检质量、效率和效益。

中国南方电网有限责任公司于2013年开始在全网推广输电线路机巡作业，至2015年，成立机巡作业中心，重点发展电力无人机应用能力，发布标准体系，开展核心技术攻关工作，2020年实现"机巡为主，人巡为辅"的智能化、可视化巡检模式。

目前，输电线路无人机应用场景主要包括以下四个方面：

（1）设备巡检：应用无人机可以对输电设备和通道环境进行自动化、精细化巡检，降低工作出错率与风险，大幅提升巡检效率。这种方式比传统的人工沿线路步行或借助交通工具更加高效。

（2）故障排查：当输电线路发生故障时，应用无人机可以快速到达故障地点，提供第一手资料，帮助维修人员快速定位问题，提高维修效率。

（3）安全监控：无人机还可以用于对输电线路周边的环境进行监控，例如检查是否有树木、建筑物等障碍物靠近线路，防止因外部因素导致线路受损。

（4）自然灾害监测：在遇到冰雪水灾、地震、滑坡等自然灾害天气时，传统的巡线方式可能无法正常开展。此时，利用无人机的操作简单、反应迅速、载荷丰富、任务用途广泛、起飞降落对环境要求低等优点，可快速在恶劣环境下完成巡检任务。

总体来说，架空输电线路无人机巡检技术已经相当成熟，无人机自主巡检技术已被广泛应用于架空输电线路维护和检修工作中。随着科技的不断发展，未来无人机巡检技术还将不断进步，以满足电网数字化、智能化的需求。

章后导练

基础演练

1. 特高压输电线路依据电流性质的不同可分为哪两类？

2. 我国超高压线路和特高压线路分别有哪几个电压等级？

3. 无人机的哪两项技术的突破推动了无人机的规模化应用？

提高演练

简述无人机巡检对于输电线路数智化管理的意义。

章前导读

● 导读

　　无人机巡检作业技术作为先进且成熟的输电线路巡检方式已逐步取代传统的人工巡检模式，以满足现代化电网建设与发展的需求。本章从基础知识的角度出发，从无人机的分类、巡检系统的分类、任务载荷、现场作业要求、巡检作业方法及维护与保养和储运六个方面介绍无人机巡检作业的相关内容。

● 重难点

　　重点介绍无人机巡检作业的基础知识，含巡检系统的分类——无人机巡检系统（中型无人机巡检系统、多旋翼无人机巡检系统）、固定翼无人机巡检系统；现场作业要求——总则、保证安全的组织措施、保证安全的技术措施、安全注意事项、巡检作业异常处理；巡检作业方法——巡检作业准备、空域申报、巡检任务执行、巡检数据分析。

　　难点在无人机巡检系统的分类、现场作业要求和巡检作业方法。无人机巡检系统分类的难点体现在对系统的组成、分系统的功能和技术指标要求的理解；现场作业要求的难点体现在巡检作业出现异常的处理方法；巡检作业方法的难点体现在对巡检流程中细节的把握。

重难点	包含内容	具体内容
重点	无人机巡检系统的分类	（1）无人机巡检系统 （2）固定翼无人机巡检系统
	现场作业要求	（1）总则 （2）保证安全的组织措施 （3）安全注意事项 （4）巡检作业异常处理
	巡检作业方法	（1）巡检作业准备 （2）空域申报 （3）巡检任务执行 （4）巡检数据分析

重难点	包含内容	具体内容
难点	无人机巡检系统的分类	（1）系统的组成 （2）分系统的功能 （3）技术指标要求
	现场作业要求	巡检作业出现异常的处理方法
	巡检作业方法	巡检全流程细节把握

第2章 基础知识

随着智能化巡检的快速发展,无人机输电线路巡检作业已逐渐成为主流的输电线路巡检方式,本章节将对无人机输电线路巡检作业的基础知识进行介绍,阐述了无人机及巡检系统的分类,探讨了无人机巡检作业方法、巡检作业要求及维护与保养与储运的全过程管理,以更好、更科学地开展输电线路无人机巡检作业。

2.1 无人机的分类

随着技术的不断发展,无人机的功能越来越强大,使用场景也在不断深化。由于无人机用途广泛,种类繁多,因此有必要对无人机进行分类。常见的分类方式包括飞行平台构型、用途、尺度、活动半径等多种维度。

(1)按飞行平台构型分类:无人机可分为固定翼无人机、多旋翼无人机、无人飞艇、伞翼无人机、扑翼无人机等。多旋翼无人机和固定翼无人机如图 2-1 所示。

图 2-1　多旋翼无人机和固定翼无人机

(2)按用途分类:无人机可分为军用无人机和民用无人机,目前超过70% 的无人机使用于军事用途,如图 2-2 所示。

军用无人机可分为侦察无人机、诱饵无人机、电子对抗无人机、通信中继无人机、无人战斗机以及靶机等，主要应用于情报侦察、军事打击、信息对抗、通信中继、后勤保障；民用无人机可分为巡查/监视无人机、农用无人机、气象无人机、勘探无人机以及测绘无人机等，主要应用于电力巡检工作、农业保险工作、环保工作、影视剧拍摄工作、街景工作、快递工作、灾后救援工作、遥感测绘工作等。

图 2-2　巡检无人机和军用无人机

（3）按尺度分类：根据《无人驾驶航空器飞行管理暂行条例》，无人机可分为微型无人驾驶航空器、轻型无人驾驶航空器、小型无人驾驶航空器、中型无人驾驶航空器及大型无人驾驶航空器。微型无人驾驶航空器，是指空机质量小于 0.25kg，最大飞行真高不超过 50m，最大平飞速度不超过 40km/h，无线电发射设备符合微功率短距离技术要求，全程可以随时人工介入操控的无人驾驶航空器；轻型无人驾驶航空器，是指空机质量不超过 4kg 且最大起飞质量不超过 7kg，最大平飞速度不超过 100km/h，具备符合空域管理要求的空域保持能力和可靠被监视能力，全程可以随时人工介入操控的无人驾驶航空器，但不包括微型无人驾驶航空器；小型无人驾驶航空器，是指空机质量不超过 15kg 且最大起飞质量不超过 25kg，具备符合空域管理要求的空域保持能力和可靠被监视能力，全程可以随时人工介入操控的无人驾驶航空器，但不包括微型、轻型无人驾驶航空器；中型无人驾驶航空器，是指最大起飞质量不超过 150kg 的无人驾驶航空器，但不包括微型、轻型、小型无人驾驶航空器；大型无人驾驶航空器，是指最大起飞质量超过 150kg 的无人驾驶航空器。

（4）按活动半径分类：无人机可分为超近程无人机、近程无人机、短程无人机、中程无人机和远程无人机。超近程无人机活动半径在 15km 以内，近程无人机活动半径在 15～50km 之间，短程无人机活动半径在 50～200km 之间，中程无人机活动半径在 200～800km 之间，远程无人机活动半径大于 800km。

2.2 巡检系统分类

无人机巡检系统是一种用于开展架空输电线路进行巡检作业的系统，主要由无人机分系统、任务载荷分系统和综合保障分系统组成。

利用无人机巡检系统对架空输电线路本体和附属设施的运行状态、通道走廊环境等进行检查和检测的工作称之为无人机巡检作业。一般将无人机分系统的旋翼带尾桨或共轴反桨形式的称为中型无人机巡检系统；将多旋翼型式的称为多旋翼无人机巡检系统；将固定翼型式的称为固定翼无人机巡检系统。根据所用无人机巡检系统的不同，无人机巡检作业可分为中型无人巡检作业、多旋翼无人机巡检作业和固定翼无人机巡检作业。

2.2.1 无人机巡检系统

无人机巡检系统包括无人机分系统、任务载荷分系统和综合保障分系统，如图 2-3 所示。

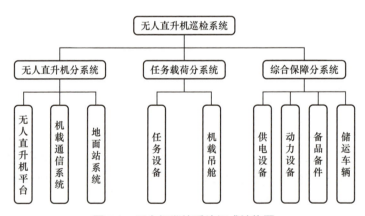

图 2-3 无人机巡检系统组成结构图

无人机分系统包括无人机本体平台、机载无线通信系统和地面站系统。其中，无人机本体由螺旋桨、尾桨、机架、飞控系统和电池等组成，并装有航行灯和位置追踪模块。机载通信系统包括数据传输系统和影像传输系统的机载部分。地面站系统主要包括飞行控制软件、检测系统软件、硬件设备、地面通信系统及地面测控车辆，用于实现无人机飞行的监视与控制、地图导航、任务规划和任务回访等功能。

　　任务载荷包括机载吊舱和任务设备，是指那些装备到无人机上为完成任务的设备，如：信号发射机、传感器等；但不包括飞行控制设备、数据链路和燃油等。无人机的任务载荷的快速发展极大地扩展了无人机的应用领域，无人机根据其功能和类型的不同，其上装备的任务载荷也不同，常见的有可见光检测设备（可见光照相机和可见光摄像机）、红外检测设备、紫外检测设备和激光扫描雷达等。

　　综合保障系统包括供电设备、动力供给、备品备件及储运车辆。供电设备为无人机搭载的各种设备和传感器提供电力。动力供给包括燃料或动力电池。大、中型无人机巡检系统的燃料为汽油或重油，小型无人机巡检系统采用电动。备品备件包括调试用具、工器具及相关配件。储运车辆用于储存和运输无人机巡检系统，大、中型无人机巡检系统配备专用储运车辆，小型无人机巡检系统可根据具体需要配备储运车辆。

　　中型无人机一般为旋翼带尾桨或共轴反桨型式，适用于中等距离的多任务精细化巡检，满载续航时间大多在 50min，测控距离一般为 5km，可通过预设航线自主飞行，其水平航迹和垂直航迹与预设航线误差通常不大于 5m。中型无人机由于尺寸较大，巡检作业范围不全在目视范围内，拍照距离为30 ～ 50m。因此，小型云台加任务设备的模式很难满足成像质量要求，需使用可替换的可见光和红外机载吊舱。可见光任务设备成像范围大、清晰度高，巡检目标与图像能建立对应关系，图像中可标识出杆塔号及线路名称等信息，能远距离检测销钉类缺陷；红外任务设备分辨率相对较高，具备热图数据。

　　中型无人机巡检系统技术指标要求见表 2-1。

表 2-1　　　　　　　　　中型无人机巡检系统技术指标要求

序号	指标类别	指标要求
1	环境适应性	存储温度范围：−20 ～ +65℃
		工作温度范围：−20 ～ +55℃
		相对湿度：≤95%（25℃）
		抗风能力：≥10m/s（距地面 2m 高，瞬时风速）
		抗雨能力：能在小雨（12h 内降水量小于 5mm 的降雨）环境条件下短时飞行

续表

序号	指标类别	指标要求
2	飞行性能	巡检实用升限（满载，一般地区）：≥2000m（海拔）
		巡检实用升限（满载，高海拔地区）：≥3500m（海拔）
		续航时间（满载，经济巡航速度）：≥50min
		悬停时间：≥30min
		最大爬升率：≥3m/s
		最大下降率：≥3m/s
3	质量指标	空机质量：7～116kg，正常任务载重（满油）一般大于10kg
4	航迹控制精度	水平航迹与预设航线误差：≤5m
		垂直航迹与预设航线误差：≤5m
5	通信	数传延时：≤80ms，误码率：≤1×10^{-6}
		传输带宽：≥2M，图像传输延时：≤300ms
		距地面高度60m时最小数传通信距离：≥5km
		距地面高度60m时最小图像传输通信距离：≥5km
6	任务载荷	可见光图像检测效果要求：在距离目标50m处获取的可见光图像中可清晰辨识3mm的销钉级目标
		高清可见光摄像机帧率不小于24Hz；支持数字及模拟信号输出，支持高清及标清格式；连续可变视场
		红外热像仪分辨率不小于640×480像素；热灵敏度不大于100mK；输出信号制式PAL；在距离目标50m处，可清晰分辨出发热点
		吊舱回转范围方位：$n\times360°$；俯仰：20°～90°
		吊舱回转方位和俯仰角速度：≥60°/s
		吊舱稳定精度：≤100μrad（RMS）
		机载存储应采用插拔式存储设备，存储空间：≥64GB
7	地面展开时间、撤收时间	地面展开时间：≤30min
		撤收时间：≤15min
8	平均无故障间隔时间	平均无故障工作间隔时间（MTBF）：≥50h
9	整机寿命	整机寿命：≥500h
10	编辑飞行航点	编辑飞行航点：≥200个

多旋翼无人机一般指电动多旋翼无人机，具有多个旋翼轴，且非旋翼带尾桨布局的无人飞行器，通常有四旋翼、六旋翼和八旋翼等结构。适用于短距离（2～3个基塔）的多方位精细化巡检和故障巡检，满载续航大多在20min，

其任务设备可为光电吊舱，也可为云台搭载可见光、红外成像等设备。多旋翼无人机尺寸较小、重量较轻，飞行时存在晃动，摄像机成像时间长，存在拖影，因此巡检时应使用曝光时间较短的照相模式，机载云台还应具有云台增稳功能。

多旋翼无人机巡检系统技术指标要求见表 2-2。

表 2-2 多旋翼无人机巡检系统技术指标要求

序号	指标类别	指标要求
1	环境适应性	存储温度范围：−20 ～ +65℃
		工作温度范围：−20 ～ +55℃
		相对湿度：≤95%（+25℃）
		抗风能力：≥10m/s（距地面 2m 高，瞬时风速）
		抗雨能力：能在小雨（12h 内降水量小于 5mm 的降雨）环境条件下短时飞行
2	飞行性能	巡检实用升限（满载，一般地区）：≥3000m（海拔）
		巡检实用升限（满载，高海拔地区）：≥4500m（海拔）
		悬停时间：≥20min（满载）
		最大爬升率：≥3m/s
		最大下降率：≥3m/s
3	质量指标	不含电池、任务设备、云台的空机质量：≤7kg
4	飞行控制精度	地理坐标水平精度：<1.5m
		地理坐标垂直精度：<3m
		正常飞行状态下，小型无人机巡检系统飞行控制精度水平：<3m
		正常飞行状态下，小型无人机巡检系统飞行控制精度垂直：<5m
5	通信	数传延时：≤20ms，误码率：≤1×10⁻⁶
		传输带宽：≥2M（标清），图像传输延时：≤300ms
		距地面高度 40m 时数传距离：≥2km
		距地面高度 40m 时图像传输距离：≥2km
6	任务载荷	可见光传感器的成像照片应满足在距离不小于 10m 处清晰分辨销钉级目标的要求。有效像素不少于 1200 万像素
		红外传感器的影像应满足在距离 10m 处清晰分辨发热故障。分辨率：≥640×480；热灵敏度不低于 50mK；测温精度：≥2K；测温范围：20 ～ 150℃
		可视范围应保证水平 −180°～ +180°，同时俯仰角度范围 −60°～ +30°
		机载存储应采用插拔式存储设备，存储空间：≥32GB

续表

序号	指标类别	指标要求
7	地面展开时间、撤收时间	地面展开时间：≤5min
		撤收时间：≤5min
8	平均无故障工作间隔时间	平均无故障工作间隔时间（MTBF）：≥50h
9	整机寿命	整机寿命大于或等于500飞行小时或1000个架次（以先到者为准）起降
10	可编辑飞行航点	可编辑飞行航点：≥50个

2.2.2 固定翼无人机巡检系统

固定翼无人机巡检系统包括固定翼无人机分系统、任务载荷分系统、发射回收分系统和综合保障分系统，如图2-4所示。

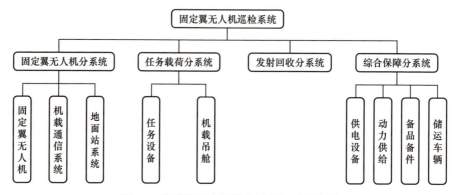

图 2-4 固定翼无人机巡检系统组成结构图

（1）固定翼无人机分系统包括固定翼无人机平台、机载通信系统和地面站系统。其中，固定翼无人机平台装有机载追踪器，由无人机本体和飞行控制系统两部分构成。机载通信系统包括数据传输系统和视频传输系统的机载部分。大、中型固定翼无人机巡检系统的地面站系统包括飞行控制软件、检测系统软件、硬件设备、地面通信系统及地面测控车辆，小型固定翼无人机巡检系统的地面站系统包括飞行操控器、飞行控制软件、地面通信系统。

（2）任务载荷分系统包括机载吊舱和任务设备。其中，大型固定翼无人机巡检系统有机载吊舱，中、小型固定翼无人机巡检系统没有专设机载吊舱；任务设备指可见光检测设备，包括可见光照相机和可见光摄像机。

（3）发射回收分系统类型主要根据固定翼无人机巡检系统的起降方式决

定。滑跑起降方式无固定硬件装置但需要有起降场地；弹射起飞方式需要具备弹射架；伞降方式需要具备机载降落伞；撞网撞绳降落方式需要具备拦截网、绳；垂直起降无人机摆脱了滑跑和降落所需的场地要求和发射回收系统，但需要具备为升力和推力提供来源的动力装置。

（4）综合保障分系统包括供电设备、动力供给、备品备件及储运车辆。其中，大型固定翼无人机巡检系统的燃料为汽油或重油，中型固定翼无人机巡检系统的燃料为汽油、重油或电动，小型固定翼无人机巡检系统采用电动；备品备件包括调试用具及相关工器具；大、中型固定翼无人机巡检系统配备专用储运车辆，小型固定翼无人机巡检系统可根据具体需要配备储运车辆。

针对架空输电线路通道巡检、应急巡检和灾情普查中使用较多的中、小型固定翼无人机，技术指标要求见表 2-3。

表 2-3　　　　固定翼无人机巡检系统技术指标要求

序号	指标类别	指标要求
1	环境适应性	存储温度范围：−20～+65℃
		工作温度范围：−20～+55℃（电动）、−30～+55℃（油动）
		相对湿度：≤90%（+25℃）
		抗风能力：≥10m/s（距地面 2m 高，瞬时风速）
		抗雨能力：能在小雨（12h 内降水量小于 5mm 的降雨）环境条件下短时飞行
2	起降技术指标	采用滑跑方式起飞、降落或采用机腹擦地方式降落时，滑跑距离应小于 50m
		弹射架应可折叠，折叠后长度不宜超过 2m，质量不宜超过 30kg
		采用伞降降落方式时，开伞位置控制误差不宜大于 15m
3	飞行性能技术指标	巡航速度：60～100km/h
		最大起飞海拔：≥4500m
		最大巡航海拔：≥5500m
		最小作业真高：≤150m
		中型固定翼无人机续航时间：≥2h，小型固定翼无人机续航时间：≥1h
		最小转弯半径：≤150m
		最大爬升率：≥3m/s
		最大下降率：≥3m/s
4	任务载重	中型固定翼无人机正常任务载重：≥2kg
		小型固定翼无人机正常任务载重：≥0.5kg

续表

序号	指标类别	指标要求
5	航迹控制精度	水平航迹与预设航线误差：≤3m
		垂直航迹与预设航线误差：≤5m
6	通信	传输带宽：≥2M（标清），图像传输延时：≤300ms
		数传延时：≤80ms
		通视条件下，最小数传距离：≥20km
		通视条件下，最小图像传输距离：≥10km
7	任务载荷	在作业真高 200m 时，采集的视频可清晰识别航线垂直方向上两侧各 100m 范围内的 3m×3m 静态目标
		在作业真高 200m 时，采集的图像可清晰识别航线垂直方向上两侧各 100m 范围内的 0.5m×0.5m 静态目标
		高清可见光摄像机帧率不小于 24Hz；支持数字及模拟信号输出，支持高清及标清格式
		机载存储应采用插拔式存储设备，存储空间不小于 64GB
8	可靠性	平均无故障工作间隔时间（MTBF）：≥50h
		机械和电子部件定期检查保养周期不低于 20 个架次
9	操作性	展开时间：≤20min
		撤收时间：≤10min
10	整机使用寿命	整机使用寿命不低于 300 架次起降

2.3 任务载荷

无人机任务载荷主要包括：可见光相机、红外线热像仪、紫外成像仪、激光雷达、惯性稳定平台和数据存储器。用于获取大量高分辨率航空数字图像、热红外图像、电力线走廊紫外图像和高精度航空激光扫描点云数据。

2.3.1 可见光挂载

可见光挂载巡检即利用稳像仪、相机等可见光采集设备（设备外观和参数如图 2-5～图 2-8 所示），检查肉眼可见的电力设备特征性质变化，其设备要求简单，检测缺陷范围广，被大量应用于无人机线路巡检中。由于无人机性能特性差异，旋翼无人机与固定翼无人机在搭载可见光挂载时，工作模式及侧重点有明显差异。旋翼无人机通常被用来代替传统的人工巡检方式，由飞手在巡查地点附近升空，利用搭载的可见光影像采集设备进行巡查，其重点监测对象为架空线路本体，包括导地线、绝缘子、金具、杆塔等，以及作业点附近的线路通道异常情况和缺陷隐患。固定翼无人机通常由固定机场或临时搭建的起飞点升空，沿架空线路或既定航线飞行，对线路进行连续拍照并拼接形成通道全景图或视频录像，其重点监测对象为线路通道、周边环境、沿线交叉跨越等宏观情况，兼顾较为明显的设备缺陷，如杆塔倒伏、断线等。

传感器	1/1.7" CMOS，有效像素 2000 万
镜头	DFOV: 66.6°～4*焦距: 6.83～119.94 mm (等效焦距: 31.7～556.2 mm) 光圈: f/2.8～f/11 (正常) 焦距离: 1 m 至无穷远 (广角)，8 m 至无穷远 (长焦)
对焦模式	MF/AF-C/AF-S
曝光模式	程序自动曝光，手动曝光
曝光补偿	±3.0 (以1/3为步长)
测光模式	点测光、中央重点测光
测光锁定	支持
电子快门速度	1～1/8000 s
ISO范围	视频：100～25600 照片：100～25600
视频分辨率	3840x2160@30fps，1920x1080@30fps
视频格式	MP4
视频字幕	支持
最大照片尺寸	5184 × 3888
照片格式	JPEG

图 2-5　大疆禅思 H20 外观　　　　**图 2-6　大疆禅思 H20 产品参数**

基本参数	
文件格式	FAT32
输入电压	24V DC
工作湿度	≤95%无凝结
存储格式	图片JPEG，视频MP4
存储功能	支持TF存储 (最大支持128GB)

图 2-7　海康威视　　　　**图 2-8　海康威视 G3ML223S 产品参数**
G3ML223S 外观

2.3.2　红外挂载

红外挂载是当前监测和诊断运行中电力设备过热缺陷的常规手段之一，其原理是通过红外热像仪等设备探测目标热辐射以获取目标的二维温度分布，生成热像图，通过分析热像图特征判断设备运行情况，具有高效、安全、不受高压电磁场干扰等优点，适用于变电站、架空线路、发电站等电力设备的异常发热检测。常用设备外观如图 2-9 和图 2-10 所示；对应参数如图 2-11 和 2-12 所示。在架空线路巡检中，多装备于旋翼无人机上。

图 2-9　大疆禅思 H20T 外观

图 2-10　紫红光电 zh580-uav 外观

热成像传感器类型	非制冷氧化钒（VOx）微测热辐射计
镜头	DFOV: 40.6°焦距: 13.5 mm（等效焦距: 58 mm）光圈: f/1.0对焦距离: 5 m ~ ∞
数字变焦	1x, 2x, 4x, 8x
视频分辨率	640×512 @ 30 Hz
视频格式	MP4
照片分辨率	640×512
照片格式	R-JPEG* (16 bit)
像元间距	12 μm
波长范围	8 ~ 14 μm
噪声等效温差（NETD）	≤50 mK @ f/1.0
测温方式	点测温、区域测温
测温范围	-40 ~ 150℃（高增益模式）-40 ~ 550℃（低增益模式）
高温警探	支持
FFC	自动/手动
调色盘	白热/熔岩/铁红/热焰/医疗/北极/彩虹1/彩虹2/描红/黑热

图 2-11　大疆禅思 H20T 产品参数

红外光通道	
相应波段	8 ~ 14μm
测温范围	-20 ~ +400 ℃
测温精度	±2℃ / ±2%
视场角	24.5° × 18.5°
红外图像	支持二次解析
聚焦	自动与手动 1.5m ~ ∞
物理特性	
尺寸	141mm × 144mm × 127mm（主机）
重量	1.5 kg
防护等级	IP54
标准配置	云台＋主机 /64G 存储卡 / 读卡器 / 说明书 / 便携箱
无人机选配	
尺寸	展开 810mm × 670mm × 430mm 折叠 430mm × 420mm × 430mm
重量	空机 3.6 kg；含电池 6.3 kg
载重	2.7 kg
飞行海拔	5000 m
承受风速	15 m/s
飞行时间	55 min
防护等级	IP45
工作温度	-20 ~ +55℃
工作湿度	≤90%RH

图 2-12　紫红光电 zh580-uav 产品参数

2.3.3　紫外挂载

紫外挂载（外观如图 2-13 所示，产品参数如图 2-14 所示）主要用于检测电力设备的电晕放电和表面局部闪络，通过探测放电辐射出的波长为240 ~ 280nm 波段的紫外光信号，输出放电紫外图像，以图像光子数作为衡量放电强度的量化参数。该方法相比超声波检测法、红外成像法，具有灵敏度高、不易受环境干扰等优势。受制于紫外挂载设备的价格因素，目前在电力巡检中将其与无人机结合的应用较少，相应研究也仍处于刚起步阶段。

紫外光通道	
波长范围	240~280 nm
放电灵敏度	1Pc @10 m
RIV 灵敏度	3.6 dBμV(RIV) @ 1 MHz@10 m
紫外灵敏度	2.0×10^{-18} W/cm²
功能与控制	
拍照与录像	支持
双视场角	12.6°×7.2°与 5°×3.75°，一键切换
增益	0%～100% 可调
光子计数	5 种计数框
显示与输出	
图像显示	紫外、可见光、紫外＋可见光
叠加精度	≤1mrad
显示控制	无人机飞控
分辨率	1280×720
阈值报警	支持光子数阈值设置
图像	JPG
视频	AVI
电晕颜色	红、白、蓝、黄、青、绿、品红
显示信息	模式、增益、光子数、电晕颜色、报警信息

图 2-13　紫红光电 ZH480-UAV 外观　　图 2-14　紫红光电 ZH480-UAV 产品参数

2.3.4　激光雷达

激光雷达（外观如图 2-15 所示，产品参数如图 2-16 所示）以发射激光束感知目标的位置、速度等特征量，目前被广泛应用在地理信息测绘及定位导航领域。在电力巡检中，主要用于架空线路的通道环境测绘及三维重建，是当前电力线路走廊通道环境检测的主要技术手段之一。该方法主要通过机载激光雷达扫描电力线路通道，根据点云数据建立电力走廊通道环境的三维模型，在此

测距精度（RMS 1σ）	2 cm @150 m
	在环境温度为 25℃、目标物体反射率为 80%，于 150 m 外的条件下测得。具体数值与测试条件相关
最大支持回波数量	5
扫描模式	非重复扫描，重复扫描
FOV	重复扫描：水平 70°，垂直 3° 非重复扫描：水平 70°，垂直 75°
最小测量距离	3 m
激光发散角	水平 0.2 mrad，垂直 0.6 mrad
	在半高宽条件下测得，0.6 mrad 表示每增加 100 m 距离，激光光束的直径增加 6cm。
激光波长	905 nm
激光光斑大小	水平 4 cm，垂直 12 cm @100 m（FWHM）
激光脉冲发射频率	240 kHz
激光安全等级	Class 1（IEC 60825-1:2014）
可达发射极限（AEL）	233.59 nJ
参考口径	有效口径 23.85mm（等效圆形）
5ns 内激光脉冲最大发射功率	46.718 W

图 2-15　大疆禅思 L2 外观　　　　图 2-16　大疆禅思 L2 产品参数

19

基础上分析危险点（树障缺陷、限距缺陷、外破缺陷等），并结合倾斜摄影进行通道可视化管控，结合微气象、导线工况进行导线弧垂、风偏、覆冰等缺陷预警。激光雷达多装载于固定翼无人机和小型旋翼无人机上，承担杆塔精细建模等任务。

2.4 现场作业要求

本节针对使用中小型旋翼无人机和固定翼无人机在架空输电线路开展无人机巡检作业的应用场景。阐述了架空输电线路无人机巡检作业安全工作的总则、保证安全的组织措施、保证安全的技术措施、安全注意事项、巡检作业异常处理等内容。

2.4.1 总则

1. 一般要求

为加强架空输电线路无人机巡检作业现场管理，规范各类作业人员的行为，保证人身、电网和设备安全，应遵循国家有关法律、法规，并结合电力生产的实际，开展架空输电线路无人机巡检作业。

2. 作业现场的基本条件

作业现场的生产条件和安全设施等应符合有关标准、规范的要求，作业人员的劳动防护用品应合格、齐备。现场使用的安全工器具和防护用品应合格并符合有关要求。经常有人工作的场所及作业车辆上宜配备急救箱，存放急救用品，并指定专人经常检查、补充或更换。作业人员应被告知其作业现场和工作岗位存在的危险因素、防范措施及事故紧急处理措施。

3. 人员配置

使用中型无人机巡检系统进行的架空输电线路巡检作业，作业人员包括工作负责人（一名）和工作班成员。工作班成员至少包括程控手、操控手和任务手。使用小型无人机巡检系统进行的架空输电线路巡检作业，作业人员包括工作负责人（一名）和工作班成员，分别担任程控手和操控手，工作负责人可兼任程控手或操控手，但不得同时兼任。必要时，也可增设一名专职工作负责人，此时工作班成员至少包括程控手和操控手。使用固定翼无人机巡检系统进行的架空输电线路巡检作业，作业人员包括工作负责人（一名）和工作班成员。工作班成员至少包括程控手和操控手。无人机巡检作业场景如图 2-17 所示。

图 2-17 无人机巡检作业场景

4. 作业人员的基本条件

作业人员的基本条件如下：

（1）经医师鉴定，无妨碍工作的病症（体格检查每两年至少一次）。

（2）具备必要的电气、机械、气象、航线规划等巡检飞行知识和相关业务技能，并经考试合格。

（3）具备必要的安全生产知识，学会紧急救护法。

（4）操控小型、中型、大型民用无人驾驶航空器飞行的人员应当取得相应民用无人驾驶航空器操控员执照；操控微型、轻型民用无人驾驶航空器飞行的人员，无需取得操控员执照，但应当熟练掌握有关机型操作方法，了解风险警示信息和有关管理制度。

（5）具备完全民事行为能力。

（6）接受安全操控培训，并经民用航空管理部门考核合格。

（7）无可能影响民用无人驾驶航空器操控行为的疾病病史，无吸毒行为记录。

（8）近 5 年内无因危害国家安全、公共安全或者侵犯公民人身权利、扰乱公共秩序的故意犯罪受到刑事处罚的记录。

5．教育和培训

作业人员应接受相应的安全生产教育和岗位技能培训，经考试合格上岗。作业人员对本规程应每年考试一次。因故间断无人机巡检作业连续三个月以上者，应重新学习相关本规程，程控手和操控手还应进行实操复训，经考试合格后，方能恢复工作。新参加无人机巡检工作的人员、实习人员和临时参加作业的人员等，应经过安全知识教育和培训后，方可参加指定工作，且不得单独工作。

6．空域

《无人驾驶航空器飞行管理暂行条例》和《中华人民共和国空域管理条例（征求意见稿）》规定，真高120m以上空域，空中禁区、空中限制区以及周边空域，军用航空超低空飞行空域，以及下列区域上方的空域应当划设为无人驾驶航空器管制空域：

（1）机场以及周边一定范围的区域。

（2）国界线、实际控制线、边境线向我方一侧一定范围的区域。

（3）军事禁区、军事管理区、监管场所等涉密单位以及周边一定范围的区域。

（4）重要军工设施保护区域、核设施控制区域、易燃易爆等危险品的生产和仓储区域，以及可燃重要物资的大型仓储区域。

（5）发电厂、变电站、加油（气）站、供水厂、公共交通枢纽、航电枢纽、重大水利设施、港口、高速公路、铁路电气化线路等公共基础设施以及周边一定范围的区域和饮用水水源保护区。

（6）射电天文台、卫星测控（导航）站、航空无线电导航台、雷达站等需要电磁环境特殊保护的设施以及周边一定范围的区域。

（7）重要革命纪念地、重要不可移动文物以及周边一定范围的区域。

（8）国家空中交通管理领导机构规定的其他区域。

管制空域的具体范围由各级空中交通管理机构按照国家空中交通管理领导机构的规定确定，由设区的市级以上人民政府公布，民用航空管理部门和承担相应职责的单位发布航行情报。

未经空中交通管理机构批准，不得在管制空域内实施无人驾驶航空器飞行活动。

管制空域范围以外的空域为微型、轻型、小型无人驾驶航空器的适飞空域（以下简称"适飞空域"）。

2.4.2　保证安全的组织措施

1．空域申报

（1）无人机巡检作业应严格按国家相关政策法规、当地民航军管等要求规范化使用空域。

（2）工作许可人应根据无人机巡检作业计划，按相关要求办理空域审批手续，并密切跟踪当地空域变化情况。

（3）各单位应建立空域申报协调机制，满足无人机应急巡检作业时空域使用要求。

2．现场勘察

（1）工作负责人、操控手和程控手应提前掌握巡检线路走向和走势、交叉跨越情况、杆塔坐标、周边地形地貌、空中管制区分布、交通运输条件及其他危险点等信息，并确认无误。宜提前确定并核实起飞和降落点环境。

（2）工作票签发人或工作负责人认为有必要进行现场勘察的作业场所，应根据工作任务组织现场勘察，并填写架空输电线路无人机巡检作业现场勘察记录单。

（3）现场勘察由工作票签发人或工作负责人组织现场勘察应核实线路走向和走势、交叉跨越情况、杆塔坐标、巡检区域地形地貌、起飞和降落点环境、交通运输条件及其他危险点等，确认巡检航线规划条件。

（4）对复杂地形、复杂气象条件下或夜间开展的无人机巡检作业以及现场勘察认为危险性、复杂性和困难程度较大的无人机巡检作业，应专门编制组织措施、技术措施、安全措施，并履行相关审批手续后方可执行。

（5）实际飞行巡检范围不应超过批复的空域。且在办理空域审批手续时，应按实际飞行空域申报，不应扩大许可范围。

3．工作票

对架空输电线路进行无人机巡检作业，应按下列方式进行：

（1）填用架空输电线路无人机巡检作业工作票。填用架空输电线路无人机巡检作业工作票的工作为：使用中型无人机和固定翼无人机巡检系统按计划开展的线路设备巡检、通道环境巡视、线路勘察和灾情巡视等工作。

（2）填用架空输电线路无人机巡检作业工作单。填用架空输电线路无人机巡检作业工作单的工作为：

1）使用小型无人机巡检系统开展的线路设备巡检、通道环境巡视、线路勘察和灾情巡视等工作。

2）在突发自然灾害或线路故障等情况下需紧急使用无人机巡检系统开展的工作。

4．工作许可

（1）工作负责人应在工作开始前向工作许可人申请办理工作许可手续，在得到工作许可人的许可后，方可开始工作。工作许可人及工作负责人应分别逐一记录、核对工作时间、作业范围和许可空域，并确认无误。

（2）工作负责人应在当天工作前和结束后向工作许可人汇报当天工作情况。

（3）已办理许可手续但尚未终结的工作，当空域许可情况发生变化时，工作许可人应及时通知工作负责人视空域变化情况调整工作计划。

（4）办理工作许可手续方法可采用：当面办理、电话办理或派人办理。当面办理和派人办理时，工作许可人和工作负责人在两份工作票上均应签名。电话办理时，工作许可人及工作负责人应复诵核对无误。

5．工作监护

（1）工作许可手续完成后，工作负责人应向工作班成员交代工作内容、人员分工、技术要求和现场安全措施等，进行危险点告知。在工作班成员全部履行确认手续后，方可开始工作。

（2）工作负责人应始终在工作现场，对工作班成员的安全进行认真监护，及时纠正不安全的行为。

（3）工作负责人应对工作班成员的操作进行认真监督，确保无人机巡检系统状态正常、航线和安全策略等设置正确。

（4）工作负责人应核实确认作业范围地形地貌、气象条件、许可空域、现场环境以及无人机巡检系统状态等满足安全作业要求。任意一项不满足安全作业要求或未得到确认，工作负责人不得下令放飞。

（5）工作期间，工作负责人若因故暂时离开工作现场时，应指定能胜任的人员临时代替，离开前应将工作现场交代清楚，并告知工作班全体成员。原工作负责人返回工作现场时，也应履行同样的交接手续。

（6）若工作负责人必须长时间离开工作现场时，应履行变更手续，并告知工作班全体成员及工作许可人。原、现工作负责人应做好必要的交接。填用架空输电线路无人机巡检作业工作票的应由原工作票签发人履行变更手续。

6．工作间断

（1）在工作过程中，如遇雷、雨、大风以及其他任何情况威胁到作业人员或无人机巡检系统的安全，但可在工作票（单）有效期内恢复正常，工作负责人可根据情况间断工作，否则应终结本次工作。若无人机巡检系统已经放飞，工作负责人应立即采取措施，作业人员在保证安全条件下，控制无人机巡检系统返航或就近降落，或采取其他安全策略及应急方案保证无人机巡检系统安全。

（2）在工作过程中，如无人机巡检系统状态不满足安全作业要求，且在工作票（单）有效期内无法修复并确保安全可靠，工作负责人应终结本次工作。

（3）已办理许可手续但尚未终结的工作，当空域许可情况发生变化不满足要求，但可在工作票（单）有效期内恢复正常，工作负责人可根据情况间断工作，否则应终结本次工作。若无人机巡检系统已经放飞，工作负责人应立即采取措施，控制无人机巡检系统返航或就近降落。

（4）白天工作间断时，应将发动机处于停运状态、电池下电，并采取其他必要的安全措施，必要时派人看守。恢复工作时，应对无人机巡检系统进行检查，确认其状态正常。即使工作间断前已经完成系统自检，也必须重新进行自检。隔天工作间断时，应撤收所有设备并清理工作现场。恢复工作时，应重新报告工作许可人，对无人机巡检系统进行检查，确认其状态正常，重新自检。

7．工作终结

（1）工作终结后，工作负责人应及时报告工作许可人，报告方法可采用：当面报告、电话报告。

（2）工作终结报告应简明扼要，并包括下列内容：工作负责人姓名、工作班组名称、工作任务（说明线路名称、巡检飞行的起止杆塔号等）已经结束，无人机巡检系统已经回收，工作终结。

（3）已终结的工作票（单）应保存一年。

2.4.3 保证安全的技术措施

1. 航线规划

（1）应严格按照批复后的空域进行航线规划。

（2）应根据巡检作业要求和所用无人机巡检系统技术性能进行航线规划。

（3）航线规划应避开空中管制区、重要建筑和设施，尽量避开人员活动密集区、通信阻隔区、无线电干扰区、大风或切变风多发区和森林防火区等地区。对首次进行无人机巡检作业的线段，航线规划时应留有充足裕量，与以上区域保持足够的安全距离。

（4）航线规划时，无人机巡检系统飞行航时应留有裕度。对已经飞行过的巡检作业航线，每架次任务的飞行航时不应超过无人机巡检系统作业航时，并留有一定裕量。对首次实际飞行的巡检作业航线，每架次任务的飞行航时应充分考虑无人机巡检系统作业航时，留有充足裕量。

（5）除必要的跨越外，无人机巡检系统不得在公路、铁路两侧路基外各100m 之间飞行、距油气管线边缘距离不得小于100m。

（6）除必要外，航线不得跨越高速铁路，尽量避免跨越高速公路。

（7）选定的无人机巡检系统起飞和降落区应远离公路、铁路、重要建筑和设施，尽量避开周边军事禁区、军事管理区、森林防火区和人员活动密集区等，且满足对应机型的技术指标要求。

（8）不得在无人机巡检系统飞行过程中更改巡检航线。

2. 安全策略设置

（1）应充分考虑无人机巡检系统在飞行过程中出现偏离航线、导航卫星颗数无法定位、通信链路中断、动力失效等故障的可能性，合理设置安全策略。

（2）充分考虑巡检过程中气象条件和空域许可等情况发生变化的可能性，合理制订安全策略。

3. 航前检查

（1）应确认当地气象条件是否满足所用无人机巡检系统起飞、飞行和降落的技术指标要求；掌握航线所经地区气象条件，判断是否对无人机巡检系统的安全飞行构成威胁。若不满足要求或存在较大安全风险，工作负责人可根据情况间断工作、临时中断工作或终结本次工作。

（2）应检查起飞和降落点周围环境，确认满足所用无人机巡检系统的技术指标要求。

（3）每次放飞前，应对无人机巡检系统的动力系统、导航定位系统、飞控系统、通信链路、任务系统等进行检查。当发现任一系统出现不适航状态，应认真排查原因、修复，在确保安全可靠后方可放飞，如图 2-18 所示。

图 2-18 航前检查

（4）每次放飞前，应进行无人机巡检系统的自检。若自检结果中有告警或故障信息，应认真排查原因、修复，在确保安全可靠后方可放飞。

4. 航巡监控

（1）各型无人机巡检系统的飞行高度、速度等应满足该机型技术指标要求，且满足巡检质量要求。

（2）无人机巡检系统放飞后，宜在起飞点附近进行悬停或盘旋飞行，作业人员确认系统工作正常后方可继续执行巡检任务。否则，应及时降落，排查原因、修复，在确保安全可靠后方可再次放飞。

（3）程控手应始终注意观察无人机巡检系统发动机或电机转速、电池电压、航向、飞行姿态等遥测参数，判断系统工作是否正常。如有异常，应及时判断原因，采取应对措施。

（4）操控手应始终注意观察无人机巡检系统飞行姿态，发动机或电机运转声音等信息，判断系统工作是否正常。如有异常，应及时判断原因，采取应对措施。

（5）采用自主飞行模式时，操控手应始终掌控遥控手柄，且处于备用状态，注意按程控手指令进行操作，操作完毕后向程控手汇报操作结果。在目视可及范围内，操控手应密切观察无人机巡检系统飞行姿态及周围环境变化，突发情况下，操控手可通过遥控手柄立即接管控制无人机巡检系统的飞行，并向程控手汇报。

（6）采用增稳或手动飞行模式时，程控手应及时向操控手通报无人机巡检系统发动机或电机转速、电池电压、航迹、飞行姿态、速度及高度等遥测信息。当无人机巡检系统飞行中出现链路中断故障，巡检系统可原地悬停等候 1～5min，待链路恢复正常后继续执行巡检任务。若链路仍未恢复正常，可采取沿原飞行轨迹返航或升高至安全高度后返航的安全策略。

（7）无人机巡检系统飞行时，程控手应密切观察无人机巡检系统飞行航迹是否符合预设航线。当飞行航迹偏离预设航线时，应立即采取措施控制无人机巡检系统按预设航线飞行，并再次确认无人机巡检系统飞行状态正常可控。否则，应立即采取措施控制无人机巡检系统返航或就近降落，待查明原因，排除故障并确认安全可靠后，方可重新放飞执行巡检作业。

（8）各相关作业人员之间应保持信息畅通。

图 2-19 为航巡监控现场操作图。

图 2-19　航巡监控现场操作图

5．航后检查

（1）当天巡检作业结束后，应按所用无人机巡检系统要求进行检查和维护工作，对外观及关键零部件进行检查。

（2）当天巡检作业结束后，应清理现场，核对设备和工器具清单，确认现场无遗漏。

（3）对于油动力无人机巡检系统，应将油箱内剩余油品抽出，对于电动力无人机巡检系统，应将电池取出。取出的油品和电池应按要求保管。

2.4.4　安全注意事项

1．一般注意事项

（1）使用的无人机巡检系统应通过试验检测。作业时，应严格遵守相关技术规程要求，严格按照所用机型要求进行操作。

（2）现场应携带所用无人机巡检系统飞行履历表、操作手册、简单故障排查和维修手册。

（3）工作地点、起降点及起降航线上应避免无关人员干扰，必要时可设置安全警示区。

（4）现场禁止使用可能对无人机巡检系统通信链路造成干扰的电子设备。

（5）带至现场的油料应单独存放，并派专人看守。作业现场严禁吸烟和出现明火，并做好灭火等安全防护措施。

（6）加油及放油应在无人机巡检系统下电、发动机熄火、旋翼或螺旋桨停止旋转以后进行，操作人员应使用防静电手套，作业点附近应准备灭火器。

（7）加油时，如出现油料溢出或泼洒，应擦拭干净并检查无人机巡检系统表面及附近地面确无油料时，方可进行系统上电以及发动机点火等操作。

（8）雷电天气不得进行加油和放油操作。在雨、雪、风沙天气条件时，应采取必要的遮蔽措施后才能进行加油和放油操作。

（9）起飞和降落时，现场所有人员应与无人机巡检系统始终保持足够的安全距离，作业人员不得位于起飞和降落航线下。

（10）巡检作业现场所有人员均应正确佩戴安全帽和穿戴个人防护用品，正确使用安全工器具和劳动防护用品。

（11）现场作业人员均应穿戴长袖棉质服装。

（12）工作前 8h 及工作过程中不应饮用任何酒精类饮品。

（13）工作时，工作班成员禁止使用手机。除必要的对外联系外，工作负责人不得使用手机。

（14）现场不得进行与作业无关的活动。

2．使用中型无人机巡检系统的巡检作业

（1）操控手应在巡检作业前一个工作日完成所用中型无人机巡检系统（如图 2-20 所示）的检查，确认状态正常，准备好现场作业工器具以及备品备件等物资，并向工作负责人汇报检查和准备结果。

图 2-20　中型无人机巡检系统

（2）程控手应在巡检作业前一个工作日完成航线规划工作，编辑生成飞行航线、各巡检作业点作业方案和安全策略，并交工作负责人检查无误。

（3）应在通信链路畅通范围内进行巡检作业。

（4）宜采用自主起飞，增稳降落模式。

（5）起飞和降落点宜相同。

（6）巡检航线应位于被巡线路的侧方，且宜在对线路的一侧设备全部巡检完后再巡另一侧。

（7）沿巡检航线飞行宜采用自主飞行模式。即使在日视可及范围内，也不宜采用增稳飞行模式。

（8）不得在重要建筑和设施的上空穿越飞行。

（9）沿巡检航线飞行过程中，在确保安全时，可根据巡检作业需要临时悬停或解除预设的程控悬停。

（10）无人机巡检系统悬停时应顶风悬停，且不应在设备、建筑、设施、公路和铁路等的上方悬停。到达巡检作业点后，程控手应及时通报任务手，由任务手操控任务设备进行拍照、摄像等作业，任务手完成作业后应及时向程控手汇报。任务手与程控手之间应保持信息畅通。

（11）若无人机巡检系统在巡检作业点处的位置、姿态以及悬停时间等需要调整以满足拍照和摄像作业的要求，任务手应及时告知程控手具体要求，由程控手根据现场情况和无人机状态决定是否实施。实施操作应由程控手通过地面站进行。

（12）巡检作业时，无人机巡检系统距线路设备距离不宜小于 30m、水平距离不宜小于 25m，距周边障碍物距离不宜小于 50m。

（13）巡检飞行速度不宜大于 15m/s。

3．使用小型无人机巡检系统的巡检作业

（1）操控手应在巡检作业前一个工作日完成所用小型无人机巡检系统（如图 2-21 所示）的检查，确认状态正常，准备好现场作业工器具以及备品备件等物资。

（2）应在通信链路畅通范围内进行巡检作业。在飞至巡检作业点的过程中，通常应在目视可及范围内；在巡检作业点进行拍照、摄像等作业时，应保持目视可及。

图 2-21　小型无人机巡检系统

（3）可采用自主或增稳飞行模式控制无人机巡检系统飞至巡检作业点，然后以增稳飞行模式进行拍照、摄像等作业。不应采用手动飞行模式。

（4）无人机巡检系统到达巡检作业点后，宜由程控手进行拍照、摄像等作业。

（5）程控手与操控手之间应保持信息畅通。若需要对无人机巡检系统的位置、姿态等进行调整，程控手应及时告知操控手具体要求，由操控手根据现场情况和无人机状态决定是否实施。实施操作应由操控手通过遥控器进行。

（6）无人机巡检系统不应长时间在设备上方悬停，不应在重要建筑及设施、公路和铁路等的上方悬停。

（7）巡检作业时，无人机巡检系统距线路设备距离不宜小于 5m，距周边障碍物距离不宜小于 10m。

（8）巡检飞行速度不宜大于 10m/s。

4．使用固定翼无人机巡检系统的巡检作业

（1）操控手应在巡检作业前一个工作日完成所用固定翼无人机巡检系统（如图 2-22 所示）的检查，确认状态正常，准备好现场作业工器具以及备品备件等物资，并向工作负责人汇报检查和准备结果。

图 2-22　固定翼无人机巡检系统

（2）程控手应在巡检作业前一个工作日完成航线规划工作，编辑生成飞行航线、各巡检作业点作业方案和安全策略，并交工作负责人检查无误。

（3）巡检航线任一点应高出巡检线路包络线 100m 以上。

（4）起飞和降落宜在同一场地。

（5）使用弹射起飞方式时，应防止橡皮筋断裂伤人。弹射架应固定牢靠，且有防误触发装置。

（6）巡检飞行速度不宜大于 30m/s。

2.4.5　巡检作业异常处理

1．设备异常处理

（1）无人机巡检系统在空中飞行时发生故障或遇紧急意外情况等，应尽可能控制无人机巡检系统在安全区域紧急降落。

（2）无人机巡检系统飞行时，若通信链路长时间中断，且在预计时间内仍未返航，应根据掌握的无人机巡检系统最后地理坐标位置或机载追踪器发送的报文等信息及时寻找。

2．特殊工况应急处理

（1）巡检作业区域出现雷雨、大风等可能影响作业的突变天气时，应及时评估巡检作业安全性，在确保安全后方可继续执行巡检作业，否则应采取措施控制无人机巡检系统避让、返航或就近降落。

（2）巡检作业区域出现其他飞行器或漂浮物时，应立即评估巡检作业安全性，在确保安全后方可继续执行巡检作业，否则应采取避让措施。

（3）无人机巡检系统飞行过程中，若班组成员身体出现不适或受其他干扰影响作业，应迅速采取措施保证无人机巡检系统安全，情况紧急时，可立即控制无人机巡检系统返航或就近降落。

3．其他

（1）应采取有效措施防止无人机巡检系统故障或事故后引发火灾等次生灾害。

（2）无人机巡检系统发生坠机等故障或事故时，应妥善处理次生灾害并立即上报，及时进行民事协调，做好舆情监控。

2.5 巡 检 作 业 方 法

为保证无人机巡检安全有效地进行，需要按照四个步骤完成巡检任务：①巡检作业准备；②空域申报；③巡检任务执行；④巡检数据分析。

2.5.1 巡检作业准备

1. 资料收集

巡检作业前，应收集所需巡检线路的设备信息、运行信息以及地理环境、气象等相关资料，便于及时掌握线路设备状态和通道状态。作业人员通过基础资料（杆塔明细表或者线路专档）查看所巡检线路设备信息。作业人员查看巡检线路区段的地理位置和周边环境，通过地理信息系统定位巡检线路区段，通过地图查看具体所处位置和杆塔周围的环境及巡检线路区段所属区域的气象信息。

2. 现场踏勘

根据资料查询结果，对于沿线输电线路密集、交跨物多或者地形复杂的巡检线路区段，应开展现场勘察，勘察内容主要有：

（1）起降点选择。起降点四周应空旷，航线范围内无超高物体（建筑物、高山等）；小型无人机的起降点面积要求：至少 2m×2m 的平整地面。

（2）现场测量交跨距离。利用激光测距仪测量上跨或下穿的电力线路、通信线、树木等跨越物与被巡检线路的距离。

（3）填写现场勘察记录。根据现场勘查情况填写勘查记录，绘制现场草图，包括交跨位置、地形环境等。

3. 巡检工作票

为保证无人机巡检的安全可靠，规定在开展无人巡检作业时要做好相应的记录，包括：巡检工作票、现场勘察记录单和无人机使用记录单。工作票主要用来确定工作负责人、工作人员、巡检范围和内容、工作要求、工作措施、工作时间等。

4. 任务审批

中国民用航空局于 2013 年 11 月 6 日发布《通用航空飞行任务审批与管理规定》（参作〔2013〕737 号），凡需审批的通用航空飞行任务，申请人应当至少提前 13 个工作日向审批机关提出申请，审批机关在收到申请后 10 个工作日内做出批准或不批准的决定，并通知申请人。对执行处置突发事件、紧急救援等任务临时提出的通用航空飞行任务申请，审批机关应当及时予以审批。

2.5.2　空域申报

从事通用航空飞行活动的单位和个人，应当按照国家有关规定向飞行管制部门申请使用机场的空域、航路和航路，经批准后方可实施。各战区空军参谋部管制室办理审批手续；主要申请内容包括：①巡检航线示意图；②公司营业执照；③飞机机型信息表；④飞行人员执照任务委托书；⑤任务申请书；⑥无人机飞行安全措施、紧急情况预案。

2.5.3　巡检任务执行

精细化巡检利用多旋翼无人机对输电线路杆塔、通道及其附属设施进行全方位、高效率的巡视，可以发现螺栓、销钉等这些无法通过人工地面巡视发现的缺陷的巡视作业。巡检主要对输电线路杆塔、导地线、绝缘子串、金具、通道环境、基础、接地装置、附属设施 8 大单元进行检查。巡检时根据线路运行和检查要求，有选择地配备相应的检查设备，进行可见光检查和红外检查项目。可见光巡检主要检查内容：导、地线（光缆）、绝缘子、金具、杆塔、基础、附属设施、通道走廊等外部可见异常情况和缺陷。红外巡检主要检查内容：导线接续管、耐张管、跳线线夹及绝缘子等相关发热异常情况。

　1．精细化巡检的巡检方法

对于一般单回路直线塔与单回路耐张塔，按照一定的顺序，对杆塔金具进行逐级的巡检。首先在杆塔一侧起飞，拍摄基础和杆号牌，用于分析照片时候可以区分杆塔号。升起无人机到横担部位，拍摄金具和连接部位，同一部位一般拍摄两张角度略有区别的照片，避免相机抖动导致照片模糊及由于螺栓、销钉穿向不一致导致的拍摄死角。飞到杆塔顶端，拍摄通道和地线夹金具等。从杆塔顶端跨越导地线，可以避免导地线对地或交叉跨越物距离不足导致放电事故，也能保证无人机出现故障后一键返航不会碰触导地线从而造成事故。然后从另一侧横担处拍摄金具和连接部位。所有金具部位都拍摄完毕后，降落到地面或飞向下一杆塔，一基杆塔拍摄结束。

2．通道巡检

对线路通道、周边环境、沿线交跨、施工作业等进行检查，以便及时发现和掌握线路通道环境的动态变化。线路通道环境巡视对象包括：建（构）筑物、树木（竹林）、施工作业、火灾、交叉跨越、防洪、排水、基础保护设施、道路桥梁、污染源、自然灾害等。

3．固定翼通道巡检的作业方法

（1）固定翼无人机巡检前准备。

1）巡检计划制定。巡检作业前需制定巡检计划，并申报相关作业区域的无人机空域，保证后期作业正常进行。

2）现场勘察。根据巡检计划，项目负责人提前对现场进行勘察，掌握检测线路走向和走势、交叉跨越情况、杆塔坐标、地形地貌、空中管制区分布、交通运输条件及危险点等信息，并确认无误。

3）无人机准备。结合巡检计划和现场勘察情况，选择合适的机型，确定飞行高度、巡检范围及拍摄方案，准备好系统各组成部件。

4）航线规划。根据巡检计划和现场勘察情况，结合空域审批材料制定相应的巡检航线，航线应避开军事禁区、空中危险区和限制区，远离人口稠密区、重要建筑和设施、通信阻隔区、大风或切变风多发区。除必要的跨越外，无人机检测系统不得在公路、铁路两侧路基外各100m内飞行，距油气管线边缘距离不得小于100m。

5）起降点选择。根据检测线路的杆塔位置、路径，结合线路途经区域交通情况制定检测方式、起降点及安全策略，要求起降点上空为无障碍遮挡的净空区域，且满足对应机型的技术要求。

（2）固定翼无人机巡检作业。固定翼无人机巡检作业工作流程如图2-23所示，具体步骤如下：

1）环境检查。确认周围环境和气象条件是否满足无人机起降和飞行的技术要求（风速、电磁干扰、障碍物等），若不满足要求或存在较大安全风险，则可根据情况间断工作或终结本次工作。

2）设备检查。起飞前，应对无人机的动力系统、导航系统、飞控系统、通信链路、任务系统等进行检查。当发现任一系统出现不适航状态，应认真排查原因、修复，在确保安全可靠后，方可放飞。

3）执行任务。缓慢上升至距离杆塔上空20m处，无人机切换至航线模式准备进入规划航线执行任务。同时，调整吊舱角度和变焦倍数，确保无人机在线路正上方俯视采集线路两侧各不小于 100m 范围内的通道情况，采用等距采集，采集间距小于 50m，航向重叠率不小于 50%。要求图像清晰，可辨识 1m大小物体类型。

4）返航降落。完成图像采集后，无人机进入预设的返航航线，返回降落点。

5）数据整理。检查、整理采集到的图像数据，无误后准备下次飞行或离场，并对图像进行拼接。

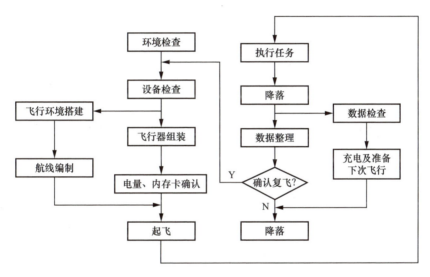

图 2-23　固定翼无人机巡检作业工作流程

2.5.4　巡检数据分析

巡检数据分析的目的是利用无人机采集的图像和视频数据，及时发现并消除设备缺陷。线路设备本体缺陷：组成线路本体的构件、附件、零部件，包括基础、杆塔、导地线、绝缘子、金具、接地装置等本身的缺陷。

附属设施缺陷：指附加在线路本体上的各类标志牌、警告牌及各种技术监测设备、避雷器等出现的缺陷。

外部缺陷（隐患）：指外部环境变化对线路安全运行已构成某种潜在性威胁的情况（如在保护区内新建房屋、植树竹、堆物、取土、线下施工车辆作业等对线路造成的影响）。

线路通道内导线对建筑物、树竹等交叉跨越距离不满足。线路保护区内有矿区，修建交通设施、建筑物等有高大施工机具和焚烧现象。

固定翼无人机具有航速高、覆盖范围大、续航时间长等特点，适合应用于灾后线路走廊的大范围普查。通过利用固定翼无人机进行灾后勘查，可在短时间内整体掌握线路的整体损失情况，为应急决策提供初步依据。

2.6　维护与保养和储运

2.6.1　无人机维护与保养

为确保飞行安全，使飞行器持续工作在最佳状态，每飞行 200 次或累计 50h 后进行一次深度维护与保养，具体维护与保养项目及内容见表 2-4。

表 2-4　　　　　　　无人机检查维护与保养项目及内容表

序号	检查项目	维护与保养内容
1	设备清洁	
1.1	飞行器及各部件内部、通风孔有无任何异物（水、油、沙、土）	清洁
1.2	云台相机接口及镜头表面有无脏污	清洁
2	结构检查	
2.1	电池外观有无破损、变形	若受损严重，必须停止使用并将电量控制在 10% 以内做废弃处理
2.2	机身外壳、结构有无变形	严重者返厂维修
2.3	螺旋桨及桨座有无变形、老化或破损	更换
2.4	电机转子、连接件、紧固件有无松动、脱离	紧固或更换
3	性能检查	
3.1	开机自检是否能通过	若无法通过按指示说明操作
3.2	通信链路（数传、图像传输）是否正常	若链路未连接或不稳定，进行遥控器对频或固件升级
3.3	飞控状态［指南针、惯性测量单元（IMU）］是否正常	若不正常进行指南针或 IMU 校准
3.4	遥控功能是否正常	若不正常检查遥控器各项参数设置并修正
3.5	云台相机动作是否正常、灵活	若不正常调整云台参数

无人机的检查维护与保养项目主要包括三类：设备清洁、结构检查及性能检查。无人机维护与保养现场如图 2-24 所示。其中结构检查包括电池系统检查、无人机机身检查、变形系统检查、螺旋桨检查、电机转子系统检查等；性能检查包括 IMU 状态检查、遥控系统和图像传输系统检查和云台相机检查。

图 2-24　无人机维护与保养现场

1. 电池系统

巡检作业前一日，应根据巡检任务需要选择合适数量电池进行充电，并确保所有电池轮换使用。每周五对所有电池电量进行检查，对严重低电量电池补充电至 40%，以免电芯损坏。若电池长期闲置（超过 10 天不使用），应将电池电量放电至 40% ~ 65% 存放（或开启电池存储自放电模式），且每隔 3 个月进行一次充放电以保持电池活性。

维护与保养时应检查电池外观，是否有破损、变形，若受损严重，必须停止使用并将电量控制在 10% 以内做废弃处理。此外。还需检查电池通信连接的金手指，若有污损，可以用橡皮擦将表面清理干净，以保证可靠的通信。

2. 无人机机身

检查机身各螺栓位置的螺栓是否牢靠，机身结构上是否出现裂纹以及破损。如有破损且不确定对飞行是否有影响，应联系售后中心咨询。

3. 变形系统

检查舵机连接线的健康状况，接头是否牢靠稳固，舵机线是否有磨损。

检查丝杠在旋转过程中是否有弯曲，若弯曲，需要联系返修。检查丝杠是否生锈，如生锈，需用 WD-40 喷剂做清理。

4．螺旋桨

检查桨叶外观是否有弯折、破损、裂缝；将螺旋桨安装于电机上，将电机启动并让飞行器停留在地面上，在飞行器 1m 以外的地方观察每个螺旋桨在转动过程中是否出现双层现象，此现象常被称为双桨，会严重影响飞行器的振动。若出现上述问题，应及时修复或更换螺旋桨。

5．电机转子系统

检查电机转子的松动情况；不安装螺旋桨时启动电机，听声音，若出现异音，则可能是轴承磨损，需要更换电机。

6．IMU 状态

连接 APP，检查 IMU 的状态，做一次深度的高级校准操作。深度高级校准需要将飞行器放在一个环境温度较低的稳固的水平面上（若起落架有损坏导致飞行器机体不平，可考虑使用 4 个相同高度的支撑物将外侧机臂撑起，以确保机身水平），校准过程中不可触动飞行器。

7．遥控系统和图像传输系统

检查安装在变形机构前下方设备上的 4 根天线是否安装牢固，检查天线是否有磨损或折断的迹象；检查遥控器天线是否有物理损伤。

8．云台相机

相机的快速连接装置内部连接器为易损件，若使用一段时间后经常出现相机云台通电自检后云台不工作，或者无图像传送到 APP 上（OSD 数据正常工作），或者云台不通电自检等现象，有很大的可能是连接器磨损，此时应更换快拆结构内部的橡胶垫、电路板或连接器。

2.6.2　无人机储存与运输

1．无人机储存相关要求

（1）存放环境选择。

1）温度和湿度控制：无人机应该存放在相对稳定且适宜的温度和湿度环境中。高温、高湿度的环境可能会导致无人机受潮、电路短路等问题。因此，建议将无人机存放在温度适宜、湿度适中的房间中，并避免阳光直射和潮湿环境。

2）避免尘埃和颗粒物：无人机应该避免暴露在尘埃和颗粒物的环境中。尘埃和颗粒物可能会进入无人机的机械部件或电子设备中，导致故障。因此，在存放无人机时，应该选择相对清洁、尘埃较少的地方。

3）防止阳光直射：长时间暴露在阳光下可能对无人机的电池和其他零部件造成损坏。因此，存放无人机时应尽量避免阳光直射，可以选择存放在阴凉、通风的地方。

（2）无人机机体及其他部件。

1）使用保护套或箱子：为了保护无人机的外壳免受划伤和碰撞，建议在存放过程中使用专门的保护套或箱子。这些保护套或箱子可以提供额外的衬垫和缓冲效果，保护无人机的外壳免受损坏，如图 2-25 所示。

图 2-25 无人机智能存放

2）定期清洁：定期对存放的无人机进行清洁。尘埃和污垢可能会积聚在无人机的表面和部件上，对其造成损害。使用柔软的清洁布和清洁剂，轻轻擦拭无人机的表面和部件，保持其干净和整洁。

3）避免碰撞和摔落：在移动或存放无人机时，要注意避免碰撞和摔落。无人机的外壳和部件可能在碰撞和摔落中受损，导致其无法正常运行。因此，在操作和存放无人机时要格外小心，避免无意识的碰撞和摔落。

（3）防盗措施。

1）使用锁具：在存放无人机时，可以使用专门的无人机锁具锁住无人机的外壳和零部件。这种锁具可以有效地防止未经授权的人员打开无人机，起到防盗作用。

2）定期检查：定期检查存放的无人机是否完好无损，检查是否有任何机械部件的损坏或缺失。如果发现任何问题或异常，应及时采取措施进行修复或更换。

3）密码保护：有些无人机配备了密码保护功能，可以设置启动密码来防止未经授权的使用。在存放无人机时，可以启用密码保护功能，提高无人机的安全性。

（4）电池储存要求。

1）设备不使用时，电池需单独存放，无人机智能充电及存储柜如图 2-26 所示。

图 2-26　无人机智能充电及存储柜

2）保持存放环境干燥，不可将电池放置于靠近热源、易燃易爆品的区域。

3）避免电池长期放置在低温的室外，否则电池活性将大大降低，甚至造成锂电池性能不可逆的下降。

4）电池请勿在完全放电状态下长期放置，以免电池进入过放状态造成电芯损害，应将电池放电至 40% ～ 65% 电量再进行存放。

5）建议 2 ～ 3 个月重新充放电一次，以保证电池活性。

6）在长期存储时，应在 –10 ～ +45℃范围内的环境中存放。

2．无人机运输相关要求

（1）无人机运输。

1）无人机在运输过程中需要采取一系列的安全措施。无人机应当妥善包装，以防止在运输过程中发生碰撞或损坏。包装材料应当具有一定的防震和缓冲效果，以降低对机身和关键部件的影响。同时，包装箱内部应当设置固定装置，以防止无人机在运输过程中发生晃动或移位。此外，为了防止不法分子利用无人机进行非法活动，无人机在运输过程中需要妥善封存，确保其不会被擅自启动或操控。

2）机身和电池分离放置：机身和电池要拆分开运输，根据中国民航规定，电池是不可托运的，需要随身携带，但是由于配套遥控是内置电池，因此可以和飞行器一起托运。

（2）电池运输。

1）包装：锂电池应根据种类、数量、规格、要求和需要采用符合标准的包装，运输途中应注意防潮、防护、防摔。

2）运输工具：运输工具应拥有正规资质，相关车辆应该定期检查，有完整维修记录。

3）勿混装运输：避免将锂电池与易燃、易爆、腐蚀等物品共同运输，以免发生安全事故。

4）运输期间保持通风：锂电池在运输期间应保持通风，避免受热、碰撞、撞击等造成安全隐患。

5）加强监管：锂电池运输过程中应加强监管，制定安全操作规程，特别是在高温季节、天气不稳定时，要加强监控，避免高温、闷热等情况造成锂电池的安全隐患。

基础演练：

1. 无人机巡检系统由哪些分系统组成？每个分系统的功能分别是什么？

2. 无人机巡检航前检查应做哪些工作？

提高演练：

如何利用无人机进行杆塔精细化巡检？

章前导读

● 导读

无人机可见光及红外巡检是输电线路巡检的重要手段之一。通过无人机搭载可见光和红外相机，可快速获得杆塔本体和通道可见光及红外影像，及时发现电网设备的异常缺陷隐患。本章从线路运维的角度出发，从巡视作业流程、巡检范围划分、巡检具体方法和巡检注意事项四个方面展开详细介绍。

● 重难点

重点介绍输电线路无人机可见光及红外巡检拍摄原则、拍摄内容和拍摄导则。详细介绍实际生产运维现场输电线路杆塔巡检过程，包含拍摄顺序、拍摄位置、拍摄角度以及拍摄质量要求和示范图样。

难点在拍摄成果要求的理解，拍摄成果应服务于生产运维，实际杆塔可能根据现场环境不同而有细微的差别，如何拍摄获取清晰准确的部件影像是巡检的关键也本章的技术难点。

重难点	包含内容	具体内容
重点	拍摄原则	（1）方向上下先后顺序 （2）塔型模式固化 （3）航线库及参数设置
	拍摄内容	（1）杆塔概况 （2）（耐张/直线）绝缘子横担端 （3）（耐张/直线）绝缘子导线端 （4）（耐张/直线）绝缘子串 （5）地线 （6）通道 （7）基础
	拍摄导则	典型杆塔拍摄方式
难点	拍摄成果	（1）拍摄悬停建议位置 （2）成果清晰可见部位
	巡检关键点	巡检安全策略及注意事项

第3章 可见光及红外巡检

随着无人机技术的不断发展和应用，电力行业也开始尝试将无人机应用于杆塔巡检中。传统的电力巡检方式通常需要人工爬上高压杆塔进行，这种方式存在很多的安全风险，并且效率较低，费用也较高。目前，无人机杆塔巡检已经成了电力行业的重要应用之一。通过无人机进行杆塔巡检，以提高巡检效率和安全性。无人机可以快速、准确地获取杆塔的图像和数据，及时发现和解决电力设备存在的隐患和缺陷。无人机杆塔巡检的发展情况在近年来取得了显著进步，其巡检的应用范围也在不断扩大。除了传统的电力巡检外，无人机还可以应用于输电线路的架设、检修和维护等方面。

无人机杆塔可见光巡检是一种利用可见光相机对杆塔进行巡检的方式。通过无人机搭载可见光相机，可以拍摄杆塔的图像，并获取相关的数据。在巡检过程中，无人机可以快速、准确地获取杆塔的图像和数据，同时对杆塔的表面腐蚀、变形等情况进行监测，以确保电网设备安全稳定运行。无人机杆塔红外巡检是一种利用红外相机对杆塔进行巡检的方式。通过无人机搭载红外相机，可以拍摄杆塔的红外图像，并获取相关的数据。在巡检过程中，无人机可以快速、准确地获取杆塔的红外图像和数据，同时还可以对杆塔的内部温度、热辐射等情况进行监测。红外巡检具有更高的精度和灵敏度，可以对杆塔的内部情况进行详细的分析和评估，为电网运维决策提供更加准确的数据支持。

本章无人机可见光及红外巡检，指利用无人机（多旋翼、固定翼、直升机）搭载可见光或红外镜头对超特高压输电线路进行拍摄（照片或视频）。本书重点对巡检中常用的小型多旋翼双光机型，以御2进阶版为例展开介绍。

输电线路杆塔和通道巡检流程如图3-1所示，主要分为作业准备、作业过程和作业完结三大阶段。

（1）作业准备阶段：资料收集查阅、空域申请审核、任务派发票卡单办理、出库检查。

（2）作业过程阶段：现场勘查、安全交底、工作票面填写、系统检查、巡检记录。

（3）作业完结阶段：返航降落、工作终结、设备收整入库、数据处理、资料归档。

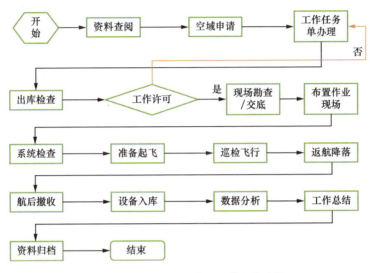

图 3-1 输电线路杆塔和通道巡检流程

3.1 输电线路杆塔巡检

3.1.1 定义

输电线路杆塔巡检是指运用无人机对架空输电线路的各组成部分进行巡视和检查工作，其原理主要基于先进的无人机技术和传感器技术，巡检的主要内容包括：线路本体检查（检查线路的杆塔、导线、绝缘子等设备是否完好，有无破损、老化、变形等情况）接地装置检查（检查线路的接地装置是否完好，有无锈蚀、松动等情况）防雷设施检查（检查线路的防雷设施是否完好，有无损坏、老化等情况），通过无人机巡检可大大提高安全性与巡检效率。

3.1.2 巡检范围

输电线路杆塔巡检主要对输电线路的杆塔、基础、导线、架空地线、绝缘子、金具和接地装置等组成部分进行巡视排查工作，及时发现的各类缺陷及隐患，保证输电线路的安全稳定运行。其中输电线路各部分的作用是：

（1）杆塔：支持导线、避雷线，使其对地及线间保持足够的安全距离。

（2）基础：用来固定杆塔，以保证杆塔不发生倾斜、上拔、下陷和倒塌的设施。

（3）导线：用于传输负荷电流，是架空线路的最主要部分。

（4）避雷线：保护导线，防止导线受到雷击，提高线路耐雷水平。

（5）绝缘子：用于支承或悬挂导线，并使导线与接地杆塔绝缘。

（6）金具：用于导线、避雷线的固定、接续和保护，绝缘子固定、连接和保护，拉线的固定和调节。

（7）接地装置：连接避雷线与大地，把雷电流迅速泄入大地，降低雷击时杆塔电位。

巡检时根据实际线路运行情况和检查要求，可选择可见光巡检与红外巡检单独或者组合进行。可见光巡检主要检查内容包括导线、地线（光缆）、绝缘子、金具、杆塔、基础、附属设施、通道走廊等外部可见异常情况和缺陷。红外巡检主要检查内容包括导线接续管、耐张管、跳线线夹及绝缘子等相关发热异常情况。输电线路杆塔巡检主要任务内容具体见表3-1。

表3-1　　　　　　　　　　输电线路杆塔巡检主要任务内容

部件名称	可见光巡检	红外巡检
导线	断线、断股、异物悬挂	发热点
线夹	松脱	接触点发热
引流线	断线、断股，异物悬挂	发热点
绝缘子	闪络迹象、破损、污秽、异物悬挂等	击穿发热
杆塔	鸟窝、损坏、变形、紧固金具松脱、塔材缺失	—
耐张压接管、导线接续管等其他连接点	—	发热
防振锤	移位、缺失、损坏	—
附属设施及其他（在线监测、防鸟设施等）	缺失	—
通道环境	植被生长情况、违章建筑、地质灾害等	—

3.1.3 巡检方法

1. 拍摄原则

（1）基本原则。面向大号侧先左后右，从下至上（对侧从上至下），先小号侧后大号侧。开展无人机巡检工作时，应根据输电设备结构选择合适的拍摄位置，并固化作业点，建立标准化航线库。航线库应包括线路名称、杆塔号、杆塔类型、布线型式、杆塔地理坐标、作业点成像参数等信息。

（2）直线塔拍摄原则。

1）单回直线塔：面向大号侧先拍左相再拍中相后拍右相，先拍小号侧后拍大号侧。

2）双回直线塔：面向大号侧先拍左回后拍右回，先拍下相再拍中相后拍上相（对侧先拍上相再拍中相后拍下相，∩形顺序拍摄），先拍小号侧后拍大号侧。

（3）耐张塔拍摄原则。

1）单回耐张塔：面向大号侧先拍左相再拍中相后拍右相，先拍小号侧再拍跳线串后拍大号侧。小号侧先拍导线端后拍横担端，跳线串先拍横担端后拍导线端，大号侧先拍横担端后拍导线端。

2）双回耐张塔：面向大号侧先拍左回后拍右回，先拍下相再拍中相后拍上相（对侧先拍上相再拍中相后拍下相，∩形顺序拍摄），先拍小号侧再拍跳线后拍大号侧，小号侧先拍导线端后拍横担端，跳线串先拍横担端后拍导线端，大号侧先拍横担端后拍导线端。

2. 拍摄内容

无人机巡检拍摄内容应包含塔全貌、塔头、塔身、杆号牌、塔基础、绝缘子、各挂点、金具、通道等，根据不同塔型，具体拍摄内容见表 3-2。

表 3-2　　　　　　　　　　输电线路杆塔巡检拍摄内容

杆塔类型	拍摄部位	拍摄重点
直线塔	杆塔概况	塔全貌、塔头、塔身、杆号牌、塔基础
	绝缘子串	绝缘子
	悬垂绝缘子横担端	绝缘子碗头挂板 R 销、保护金具、铁塔挂点金具
	悬垂绝缘子导线端	绝缘子碗头挂板 R 销、导线线夹、各挂板、联板等金具

续表

杆塔类型	拍摄部位	拍摄重点
直线塔	地线悬垂金具	地线线夹、接地引下线连接金具、挂板
	通道	小号侧通道、大号侧通道
耐张塔	杆塔概况	塔全貌、塔头、塔身、杆号牌、塔基础
	耐张绝缘子横担端	调整板、挂板等金具
	耐张绝缘子导线端	导线耐张线夹、各挂板、联板、防振锤等金具
	耐张绝缘子串	每片绝缘子表面及连接情况
	地线耐张金具	地线耐张线夹、接地引下线连接金具、防振锤、挂板
	引流线绝缘子横担端	绝缘子碗头挂板R销、引流线夹、联板、重锤片等金具
	引流线	引流线、引流线绝缘子、间隔棒
	通道	小号侧通道、大号侧通道
换位塔	杆塔概况	塔全貌、塔头、塔身、杆号牌、塔基础
	耐张绝缘子横担端	调整板、挂板等金具
	耐张绝缘子导线端	导线耐张线夹、各挂板、联板、防振锤等金具
	耐张绝缘子串	每片绝缘子表面及连接情况
	地线耐张金具	地线耐张线夹、接地引下线连接金具、防振锤、挂板
	引流线绝缘子横担端	绝缘子碗头挂板R销、引流线夹、联板、重锤片等金具
	引流线	引流线、引流线绝缘子、间隔棒
	通道	小号侧通道、大号侧通道
拉线V型塔	杆塔概况	塔全貌、塔头、塔身、杆号牌、塔基础
	绝缘子串	绝缘子
	悬垂绝缘子横担端	绝缘子碗头挂板R销、保护金具、铁塔挂点金具
	悬垂绝缘子导线端	绝缘子碗头挂板R销、导线线夹、各挂板、联板等金具
	地线悬垂金具	地线线夹、接地引下线连接金具、挂板
	通道	小号侧通道、大号侧通道
门型塔	杆塔概况	塔全貌、塔头、塔身、杆号牌、塔基础
	绝缘子串	绝缘子
	悬垂绝缘子横担端	绝缘子碗头挂板R销、保护金具、铁塔挂点金具
	悬垂绝缘子导线端	绝缘子碗头挂板R销、导线线夹、各挂板、联板等金具
	地线悬垂金具	地线线夹、接地引下线连接金具、挂板
	通道	小号侧通道、大号侧通道

3．典型杆塔拍摄方式

本节列举了交流线路单回直线酒杯塔的路径规划（如图 3-2 所示）与拍摄规则（见表 3-3），其他塔型参考执行。

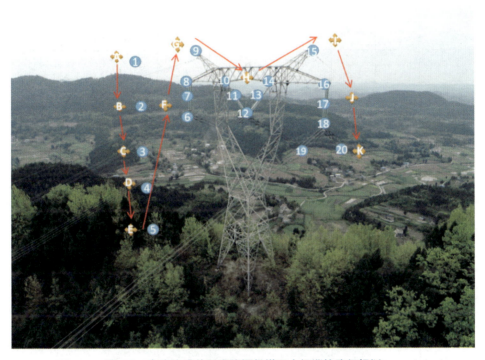

图 3-2　交流线路单回直线酒杯塔无人机巡检路径规划

A-1—全塔；B-2—塔头；C-3—塔身；D-4—塔号牌；E-5—塔基；F-6—左相导线挂点；F-7—左相整串绝缘子；F-8—左相横担点；G-9—左相地线；H-10—中相横担挂点；H-11—中相整串绝缘子；H-12—中相导线挂点；H-13—中相整串绝缘子；H-14—中相横担挂点；I-15—右相地线；J-16—右相横担挂点；J-17—右相整串绝缘子；J-18—右相导线挂点；K-19—小号侧通道；K-20—大号侧通道

表 3-3　　　　交流线路单回直线酒杯塔无人机巡检推荐拍摄规则

无人机悬停区域	拍摄部位编号	拍摄部位	无人机拍摄位置	拍摄角度	拍摄质量要求
A	1	塔全貌	从杆塔远处，并高于杆塔，杆塔完全在影像画面里	俯视	塔全貌完整，能够清晰分辨塔材和杆塔角度，主体上下占比不低于全幅80%
B	2	塔头	从杆塔斜上方拍摄	俯视	能够完整看到杆塔塔头
C	3	塔身	杆塔斜上方，略低于塔头拍摄高度	平/俯视	能够看到除塔头及塔基部位的其他结构全貌

续表

无人机悬停区域	拍摄部位编号	拍摄部位	无人机拍摄位置	拍摄角度	拍摄质量要求
D	4	杆号牌	无人机镜头平视或俯视拍摄塔号牌	平/俯视	能清晰分辨杆号牌上线路双重名称
E	5	塔基	走廊正面或侧面面向塔基俯视拍摄	俯视	能够看清塔基附近地面情况，拉线是否连接牢靠
F	6	左相导线端挂点	面向金具锁紧销安装侧，拍摄金具整体	平/俯视	能够清晰分辨螺栓、螺母、锁紧销等小尺寸金具及防振锤。设备相互遮挡时，采取多角度拍摄。每张照片至少包含一片绝缘子
F	7	左相绝缘子串	正对绝缘子串，在其中心点以上位置拍摄	平视	需覆盖绝缘子整串，可拍多张照片，最终能够清晰分辨绝缘子片表面损痕和每片绝缘子连接情况
F	8	左相横担挂点	与挂点高度平行，小角度斜侧方拍摄	平/俯视	能够清晰分辨螺栓、螺母、锁紧销等小尺寸金具。设备相互遮挡时，采取多角度拍摄。每张照片至少包含一片绝缘子
G	9	左侧地线	高度与地线挂点平行或以不大于30°角度俯视，小角度斜侧方拍摄	平/俯/仰视	能够判断各类金具的组合安装状态，与地线接触位置铝包带安装状态，清晰分辨锁紧位置的螺母销级物件。设备相互遮挡时，采取多角度拍摄
H	10	中相横担挂点	与挂点高度平行，小角度斜侧方拍摄	平视	能够清晰分辨螺栓、螺母、锁紧销等小尺寸金具。设备相互遮挡时，采取多角度拍摄。每张照片至少包含一片绝缘子
H	11	中相绝缘子串	正对绝缘子串，在其中心点以上位置拍摄	平视	需覆盖绝缘子整串，可拍多张照片，最终能够清晰分辨绝缘子片表面损痕和每片绝缘子连接情况
H	12	中相导线端挂点	与挂点高度平行，小角度斜侧方拍摄	平视	能够清晰分辨螺栓、螺母、锁紧销等小尺寸金具及防振锤。设备相互遮挡时，采取多角度拍摄。每张照片至少包含一片绝缘子
H	13	中相绝缘子串	正对绝缘子串，在其中心点以上位置拍摄	平视	需覆盖绝缘子整串，可拍多张照片，最终能够清晰分辨绝缘子片表面损痕和每片绝缘子连接情况

无人机悬停区域	拍摄部位编号	拍摄部位	无人机拍摄位置	拍摄角度	拍摄质量要求
H	14	中相横担挂点	正对横担挂点位置拍摄	平/俯视	能够清晰分辨挂点锁紧销等金具
I	15	右侧地线	高度与地线挂点平行或以不大于30°角度俯视，小角度斜侧方拍摄	俯视	能够判断各类金具的组合安装状态，与地线接触位置铝包带安装状态，清晰分辨锁紧位置的螺母销级物件。设备相互遮挡时，采取多角度拍摄
J	16	右相横担处挂点	与挂点高度平行，小角度斜侧方拍摄	平视	能够清晰分辨螺栓、螺母、锁紧销等小尺寸金具。设备相互遮挡时，采取多角度拍摄。每张照片至少包含一片绝缘子
J	17	右相绝缘子串	正对绝缘子串，在其中心点以上位置拍摄	平视	需覆盖绝缘子整串，如无法覆盖则至多分两段拍摄，最终能够清晰分辨绝缘子片表面损痕和每片绝缘子连接情况
J	18	右相导线端挂点	与挂点高度平行，小角度斜侧方拍摄	平视	能够清晰分辨螺栓、螺母、锁紧销等小尺寸金具及防振锤。设备相互遮挡时，采取多角度拍摄。每张照片至少包含一片绝缘子
K	19	小号侧通道	塔身侧方位置先小号通道，后大号通道	平视	能够清晰完整看到杆塔的通道情况，如建筑物、树木、交叉、跨越的线路等
K	20	大号侧通道	塔身侧方位置先小号通道，后大号通道	平视	能够清晰完整看到杆塔的通道情况，如建筑物、树木、交叉、跨越的线路等

4. 图像采集标准与要求

无人机开展本体精细化巡检时，其图像采集内容包括杆塔及基础各部位、导地线、附属设施、大小号侧通道等；采集的图像应清晰，可准确辨识销钉级缺陷，拍摄角度合理。

（1）交流线路单回直线酒杯塔。交流线路单回直线酒杯塔无人机巡检路径图如图 3-3 所示，图中标号含义见表 3-4 中的悬停位置和拍摄部位。

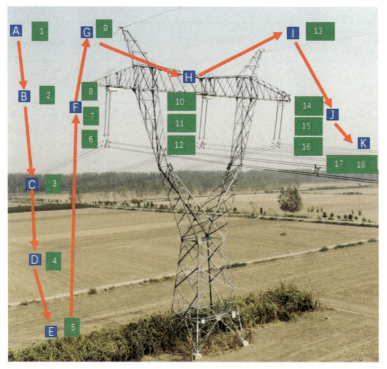

图 3-3 交流线路单回直线酒杯塔无人机巡检路径图

表 3-4 交流线路单回直线酒杯塔无人机巡检拍摄规则

拍摄部位编号	悬停位置	拍摄部位	示例	拍摄方法
1	A-1 略高于或平齐塔头，距离杆塔约15m 处拍摄	全塔		拍摄角度：俯视 拍摄要求：杆塔全貌，能够清晰分辨全塔和杆塔角度，主体占比不低于全幅 80%
2	B-2 高于或平齐塔头，距离塔头 10m	塔头		拍摄角度：俯视 拍摄要求：能够完整看到杆塔塔头

续表

拍摄部位编号	悬停位置	拍摄部位	示例	拍摄方法
3	C-3 在塔身中间或塔头下端，距离塔身约 15m 处	塔身		拍摄角度：平／俯视 拍摄要求：能够看到除塔头、基础外的其他结构全貌
4	D-4 平齐或稍高于杆号牌，距离约 5m	杆号牌		拍摄角度：平／俯视 拍摄要求：能够清晰分辨杆号牌上线路双重名称
5	E-5 高于塔基约 5m，距离拍摄部位约 10m	基础		拍摄角度：俯视 拍摄要求：能够看清塔基附近地面情况，拉线是否连接牢靠
6	F-6 侧方悬停，距离拍摄部位约 5m	左相导线端挂点		拍摄角度：平／俯视 拍摄要求：能够清晰分辨螺栓、螺母、锁紧销等小尺寸金具及防振锤。设备相互遮挡时，采取多角度拍摄。每张照片至少包含一片绝缘子
7	F-7 侧方悬停，距离拍摄部位约 10m	左相绝缘子串		拍摄角度：平视 拍摄要求：需覆盖绝缘子整串，可拍多张照片，最终能够清晰分辨绝缘子表面损痕和每片绝缘子连接情况

续表

拍摄部位编号	悬停位置	拍摄部位	示例	拍摄方法
8	F-8 侧方悬停，距离拍摄部位约5m	左相横担端挂点		拍摄角度：平/俯视 拍摄要求：能够清晰分辨螺栓、螺母、锁紧销等小尺寸金具。设备相互遮挡时，采取多角度拍摄。每张照片至少包含一片绝缘子
9	G-9 侧方悬停，距离拍摄部位约5m	左侧地线		拍摄角度：平/俯/仰视 拍摄要求：能够判断各类金具的组合安装状态，与地线接触位置铝包带安装状态，清晰分辨锁紧位置的螺母销级物件。设备相互遮挡时，采取多角度拍摄
10	H-10 侧方悬停，距离拍摄部位约5m	中相横担端挂点		拍摄角度：平/俯视 拍摄要求：能够清晰分辨螺栓、螺母、锁紧销等小尺寸金具。设备相互遮挡时，采取多角度拍摄。每张照片至少包含一片绝缘子
11	H-11 侧方悬停，距离拍摄部位约10m	中相绝缘子串		拍摄角度：平视 拍摄要求：需覆盖绝缘子整串，可拍多张照片，最终能够清晰分辨绝缘子表面损痕和每片绝缘子连接情况
12	H-12 侧方悬停，距离拍摄部位约5m	中相导线端挂点		拍摄角度：平/俯视 拍摄要求：能够清晰分辨螺栓、螺母、锁紧销等小尺寸金具及防振锤。设备相互遮挡时，采取多角度拍摄。每张照片至少包含一片绝缘子
13	I-13 侧方悬停，距离拍摄部位约5m	右侧地线		拍摄角度：平/俯/仰视 拍摄要求：能够判断各类金具的组合安装状态，与地线接触位置铝包带安装状态，清晰分辨锁紧位置的螺母销级物件。设备相互遮挡时，采取多角度拍摄

拍摄部位编号	悬停位置	拍摄部位	示例	拍摄方法
14	J-14 侧方悬停，距离拍摄部位约 5m	右相横担处挂点		拍摄角度：俯视 拍摄要求：需覆盖绝缘子整串，可拍多张照片，最终能够清晰分辨绝缘子表面损痕和每片绝缘子连接情况
15	J-15 侧方悬停，距离拍摄部位约 10m	右相绝缘子串		拍摄角度：平视 / 俯视 拍摄要求：能够清晰分辨螺栓、螺母、锁紧销等小尺寸金具及防振锤。金具相互遮挡时，采取多角度拍摄
16	J-16 侧方悬停，距离拍摄部位约 5m	右相导线端挂点		拍摄角度：平视 / 俯视 拍摄要求：能够清晰分辨螺栓、螺母、锁紧销等小尺寸金具及防振锤。金具相互遮挡时，采取多角度拍摄
17	K-17 距离拍摄部位约 10m	小号侧通道		拍摄角度：平视 / 俯视 拍摄要求：能够清晰完整地看到杆塔的通道情况，如树木、交叉、跨越情况
18	K-18 侧方悬停，距离拍摄部位约 10m	大号侧通道		拍摄角度：俯视 拍摄要求：能够清晰完整地看到杆塔的通道情况，如树木、交叉、跨越情况

（2）交流线路单回直线猫头塔。交流线路单回直线猫头塔无人机巡检路径规划图如图 3-4 所示，图中标号含义见表 3-5 中的悬停位置和拍摄部位。

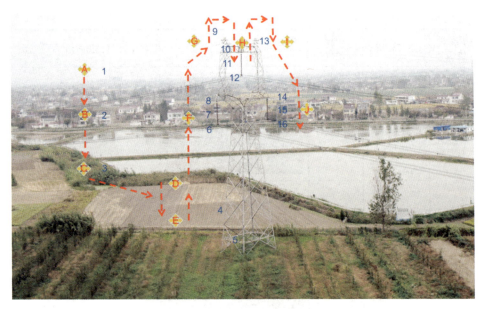

图 3-4　交流线路单回直线猫头塔无人机巡检路径规划图

表 3-5　　　　　　　交流线路单回直线猫头塔无人机巡检拍摄规则

拍摄部位编号	悬停位置	拍摄部位	示例	拍摄方法
1	A-1	全塔		拍摄角度：平视 / 俯视 拍摄要求：杆塔全貌，能够清晰分辨全塔和杆塔角度，主体占比不低于全幅 80%
2	B-2	塔头		拍摄角度：平视 / 俯视 拍摄要求：能够完整看到杆塔塔头
3	C-3	塔身		拍摄角度：平视 / 俯视 拍摄要求：能够看到除塔头、基础外的其他结构全貌

拍摄部位编号	悬停位置	拍摄部位	示例	拍摄方法
4	D-4	杆号牌		拍摄角度：平视 / 俯视 拍摄要求：能够清晰分辨杆号牌上线路双重名称
5	E-5	基础		拍摄角度：俯视 拍摄要求：能够清晰看到基础附近地面情况
6	F-6	左相绝缘子导线端挂点		拍摄角度：平视 / 俯视 拍摄要求：能够清晰分辨螺栓、螺母、锁紧销等小尺寸金具及防振锤。金具相互遮挡时，采取多角度拍摄
7	F-7	左相绝缘子		拍摄角度：俯视 拍摄要求：需覆盖绝缘子整串，可拍多张照片，最终能够清晰分辨绝缘子表面损痕和每片绝缘子连接情况
8	F-8	左相绝缘子横担端挂点		拍摄角度：平视 / 俯视 拍摄要求：能够清晰分辨螺栓、螺母、锁紧销等小尺寸金具及防振锤。金具相互遮挡时，采取多角度拍摄
9	G-9	左地线挂点		拍摄角度：平视 / 俯视 拍摄要求：能够清晰分辨金具的组合安装状况，与地线接触位置铝包带安装状态。设备相互遮挡时，采取多角度拍摄

拍摄部位编号	悬停位置	拍摄部位	示例	拍摄方法
10	H-10	中相绝缘子横担端挂点		拍摄角度：平视 / 俯视 拍摄要求：能够清晰分辨螺栓、螺母、锁紧销等小尺寸金具及防振锤。金具相互遮挡时，采取多角度拍摄
11	H-11	中相绝缘子		拍摄角度：俯视 拍摄要求：需覆盖绝缘子整串，可拍多张照片，最终能够清晰分辨绝缘子表面损痕和每片绝缘子连接情况
12	H-12	中相绝缘子导线端挂点		拍摄角度：平视 / 俯视 拍摄要求：能够清晰分辨螺栓、螺母、锁紧销等小尺寸金具及防振锤。金具相互遮挡时，采取多角度拍摄
13	I-13	右地线挂点		拍摄角度：平视 / 俯视 拍摄要求：能够清晰分辨金具的组合安装状况，与地线接触位置铝包带安装状态。设备相互遮挡时，采取多角度拍摄
14	J-14	右相绝缘子横担端挂点		拍摄角度：平视 / 俯视 拍摄要求：能够清晰分辨螺栓、螺母、锁紧销等小尺寸金具及防振锤。金具相互遮挡时，采取多角度拍摄
15	J-15	右相绝缘子		拍摄角度：俯视 拍摄要求：需覆盖绝缘子整串，可拍多张照片，最终能够清晰分辨绝缘子表面损痕和每片绝缘子连接情况

续表

拍摄部位编号	悬停位置	拍摄部位	示例	拍摄方法
16	J-16	右相绝缘子导线端挂点		拍摄角度：平视 / 俯视 拍摄要求：能够清晰分辨螺栓、螺母、锁紧销等小尺寸金具及防振锤。金具相互遮挡时，采取多角度拍摄

（3）交流线路双回直线塔。交流线路双回直线塔无人机巡检路径规划如图 3-5 所示，图中标号含义见表 3-6 中的悬停位置和拍摄部位。

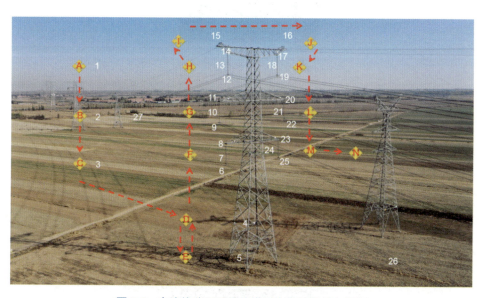

图 3-5 交流线路双回直线塔无人机巡检路径规划

表 3-6   交流线路双回直线塔无人机巡检拍摄规则

拍摄部位编号	悬停位置	拍摄部位	示例	拍摄方法
1	A-1	全塔		拍摄角度：俯视 拍摄要求：杆塔全貌，能够清晰分辨全塔和杆塔角度，主体占比不低于全幅 80%

61

续表

拍摄部位编号	悬停位置	拍摄部位	示例	拍摄方法
2	B-2	塔头		拍摄角度：俯视 拍摄要求：能够完整看到杆塔塔头
3	C-3	塔身		拍摄角度：平视／俯视 拍摄要求：能够看到除塔头、基础外的其他结构全貌
4	D-4	杆号牌		拍摄角度：平视／俯视 拍摄要求：能够清晰分辨杆号牌上线路双重名称
5	E-5	基础		拍摄角度：俯视 拍摄要求：能够清晰看到基础附近地面情况
6	F-6	左回下相导线端挂点		拍摄角度：平视／俯视 拍摄要求：能够清晰分辨螺栓、螺母、锁紧销等小尺寸金具及防振锤。设备相互遮挡时，采取多角度拍摄
7	F-7	左回下相绝缘子串		拍摄角度：平视 拍摄要求：需覆盖绝缘子整串，可拍多张照片，最终能够清晰分辨绝缘子表面损痕和每片绝缘子连接情况

续表

拍摄部 位编号	悬停 位置	拍摄部位	示例	拍摄方法
8	F-8	左回下相横担端挂点		拍摄角度：平视 / 俯视 拍摄要求：能够清晰分辨螺栓、螺母、锁紧销等小尺寸金具及防振锤。设备相互遮挡时，采取多角度拍摄
9	G-9	左回中相导线端挂点		拍摄角度：平视 / 俯视 拍摄要求：能够清晰分辨螺栓、螺母、锁紧销等小尺寸金具及防振锤。设备相互遮挡时，采取多角度拍摄
10	G-10	左回中相绝缘子串		拍摄角度：平视 拍摄要求：需覆盖绝缘子整串，可拍多张照片，最终能够清晰分辨绝缘子表面损痕和每片绝缘子连接情况
11	G-11	左回中相横担端挂点		拍摄角度：平视 / 俯视 拍摄要求：能够清晰分辨螺栓、螺母、锁紧销等小尺寸金具及防振锤。设备相互遮挡时，采取多角度拍摄
12	H-12	左回上相导线端挂点		拍摄角度：平视 / 俯视 拍摄要求：能够清晰分辨螺栓、螺母、锁紧销等小尺寸金具及防振锤。设备相互遮挡时，采取多角度拍摄
13	H-13	左回上相绝缘子串		拍摄角度：平视 拍摄要求：需覆盖绝缘子整串，可拍多张照片，最终能够清晰分辨绝缘子表面损痕和每片绝缘子连接情况

拍摄部位编号	悬停位置	拍摄部位	示例	拍摄方法
14	H-14	左回上相横担端挂点		拍摄角度：平视／俯视 拍摄要求：能够清晰分辨螺栓、螺母、锁紧销等小尺寸金具及防振锤。设备相互遮挡时，采取多角度拍摄
15	I-15	左回地线		拍摄角度：平视／俯视／仰视 拍摄要求：能够判断各类金具的组合安装状态，与地线接触位置铝包带安装状态，清晰分辨螺栓、螺母、锁紧销等小尺寸金具及防振锤。设备相互遮挡时，采取多角度拍摄
16	J-16	右回地线		拍摄角度：平视／俯视／仰视 拍摄要求：能够判断各类金具的组合安装状态，与地线接触位置铝包带安装状态，清晰分辨螺栓、螺母、锁紧销等小尺寸金具及防振锤。设备相互遮挡时，采取多角度拍摄
17	K-17	右回上相横担端挂点		拍摄角度：平视／俯视 拍摄要求：能够清晰分辨螺栓、螺母、锁紧销等小尺寸金具及防振锤。设备相互遮挡时，采取多角度拍摄
18	K-18	右回上相绝缘子串		拍摄角度：平视 拍摄要求：需覆盖绝缘子整串，可拍多张照片，最终能够清晰分辨绝缘子表面损痕和每片绝缘子连接情况
19	K-19	右回上相导线端挂点		拍摄角度：平视／俯视 拍摄要求：能够清晰分辨螺栓、螺母、锁紧销等小尺寸金具及防振锤。设备相互遮挡时，采取多角度拍摄

续表

拍摄部位编号	悬停位置	拍摄部位	示例	拍摄方法
20	L-20	右回中相横担端挂点		拍摄角度：平视 / 俯视 拍摄要求：能够清晰分辨螺栓、螺母、锁紧销等小尺寸金具及防振锤。设备相互遮挡时，采取多角度拍摄
21	L-21	右回中相绝缘子串		拍摄角度：平视 拍摄要求：需覆盖绝缘子整串，可拍多张照片，最终能够清晰分辨绝缘子表面损痕和每片绝缘子连接情况
22	L-22	右回中相导线端挂点		拍摄角度：平视 / 俯视 拍摄要求：能够清晰分辨螺栓、螺母、锁紧销等小尺寸金具及防振锤。设备相互遮挡时，采取多角度拍摄
23	M-23	右回下相横担端挂点		拍摄角度：平视 / 俯视 拍摄要求：能够清晰分辨螺栓、螺母、锁紧销等小尺寸金具及防振锤。设备相互遮挡时，采取多角度拍摄
24	M-24	右回下相绝缘子串		拍摄角度：平视 拍摄要求：需覆盖绝缘子整串，可拍多张照片，最终能够清晰分辨绝缘子表面损痕和每片绝缘子连接情况
25	M-25	右回下相导线端挂点		拍摄角度：平视 / 俯视 拍摄要求：能够清晰分辨螺栓、螺母、锁紧销等小尺寸金具及防振锤。设备相互遮挡时，采取多角度拍摄

续表

拍摄部位编号	悬停位置	拍摄部位	示例	拍摄方法
26	N-26	小号侧通道		拍摄角度：平视 拍摄要求：能够清晰完整看到杆塔的通道情况，如建筑物、树木、交叉、跨越的线路等
27	N-27	大号侧通道		拍摄角度：平视 拍摄要求：能够清晰完整看到杆塔的通道情况，如建筑物、树木、交叉、跨越的线路等

（4）交流线路单回耐张塔。交流线路单回耐张塔无人机巡检路径规划图如图 3-6 所示，图中标号含义见表 3-7 中的悬停位置和拍摄部位。

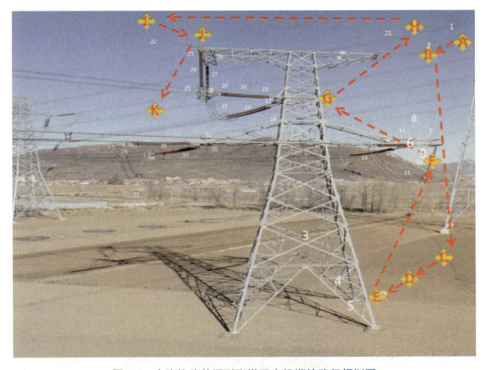

图 3-6　交流线路单回耐张塔无人机巡检路径规划图

表 3-7　　　　　　　交流线路单回耐张塔无人机巡检拍摄规则

拍摄部位编号	悬停位置	拍摄部位	示例	拍摄方法
1	A-1	全塔		拍摄角度：俯视 拍摄要求：杆塔全貌，能够清晰分辨全塔和杆塔角度，主体占比不低于全幅80%
2	B-2	塔头		拍摄角度：俯视 拍摄要求：能够完整看到杆塔塔头
3	C-3	塔身		拍摄角度：平视 / 俯视 拍摄要求：能够看到除塔头、基础外的其他结构全貌
4	D-4	杆号牌		拍摄角度：平视 / 俯视 拍摄要求：能够清晰分辨杆号牌上线路双重名称
5	E-5	基础		拍摄角度：俯视 拍摄要求：能够清晰看到基础附近地面情况
6	F-6	左相小号侧导线端挂点		拍摄角度：平视 / 俯视 拍摄要求：能够清晰分辨螺栓、螺母、锁紧销等小尺寸金具及防振锤。设备相互遮挡时，采取多角度拍摄

拍摄部位编号	悬停位置	拍摄部位	示例	拍摄方法
7	F-7	左相小号侧绝缘子串		拍摄角度：平视 拍摄要求：需覆盖绝缘子整串，可拍多张照片，最终能够清晰分辨绝缘子表面损痕和每片绝缘子连接情况
8	F-8	左相小号侧横担挂点		拍摄角度：平视 / 俯视 拍摄要求：能够清晰分辨螺栓、螺母、锁紧销等小尺寸金具及防振锤。设备相互遮挡时，采取多角度拍摄
9	F-9	左相跳线横担挂点		拍摄角度：平视 / 俯视 拍摄要求：能够清晰分辨螺栓、螺母、锁紧销等小尺寸金具及防振锤。设备相互遮挡时，采取多角度拍摄
10	F-10	左相跳线绝缘子串		拍摄角度：平视 拍摄要求：需覆盖绝缘子整串，可拍多张照片，最终能够清晰分辨绝缘子表面损痕和每片绝缘子连接情况
11	F-11	左相跳线导线端挂点		拍摄角度：平视 / 俯视 拍摄要求：能够清晰分辨螺栓、螺母、锁紧销等小尺寸金具及防振锤。设备相互遮挡时，采取多角度拍摄
12	F-12	左相大号侧横担挂点		拍摄角度：平视 / 俯视 拍摄要求：能够清晰分辨螺栓、螺母、锁紧销等小尺寸金具及防振锤。设备相互遮挡时，采取多角度拍摄

续表

拍摄部位编号	悬停位置	拍摄部位	示例	拍摄方法
13	F-13	左相大号侧绝缘子串		拍摄角度：平视 拍摄要求：需覆盖绝缘子整串，可拍多张照片，最终能够清晰分辨绝缘子表面损痕和每片绝缘子连接情况
14	F-14	左相大号侧导线端挂点		拍摄角度：平视 / 俯视 拍摄要求：能够清晰分辨螺栓、螺母、锁紧销等小尺寸金具及防振锤。设备相互遮挡时，采取多角度拍摄
15	G-15	中相小号侧导线端挂点		拍摄角度：平视 / 俯视 拍摄要求：能够清晰分辨螺栓、螺母、锁紧销等小尺寸金具及防振锤。设备相互遮挡时，采取多角度拍摄
16	G-16	中相小号侧绝缘子串		拍摄角度：平视 拍摄要求：需覆盖绝缘子整串，可拍多张照片，最终能够清晰分辨绝缘子表面损痕和每片绝缘子连接情况
17	G-17	中相小号侧横担挂点		拍摄角度：平视 / 俯视 拍摄要求：能够清晰分辨螺栓、螺母、锁紧销等小尺寸金具及防振锤。设备相互遮挡时，采取多角度拍摄
18	G-18	中相大号侧横担挂点		拍摄角度：平视 / 俯视 拍摄要求：能够清晰分辨螺栓、螺母、锁紧销等小尺寸金具及防振锤。设备相互遮挡时，采取多角度拍摄

续表

拍摄部位编号	悬停位置	拍摄部位	示例	拍摄方法
19	G-19	中相大号侧绝缘子串		拍摄角度：平视 拍摄要求：需覆盖绝缘子整串，可拍多张照片，最终能够清晰分辨绝缘子表面损痕和每片绝缘子连接情况
20	G-20	中相大号侧导线端挂点		拍摄角度：平视/俯视 拍摄要求：能够清晰分辨螺栓、螺母、锁紧销等小尺寸金具及防振锤。设备相互遮挡时，采取多角度拍摄
21	H-21	左侧地线		拍摄角度：平视/俯视/仰视 拍摄要求：能够判断各类金具的组合安装状态，与地线接触位置铝包带安装状态，清晰分辨锁紧位置的螺母销级物件。设备互相遮挡时，采取多角度拍摄
22	I-22	右侧地线		拍摄角度：平视/俯视/仰视 拍摄要求：能够判断各类金具的组合安装状态，与地线接触位置铝包带安装状态，清晰分辨锁紧位置的螺母销级物件。设备互相遮挡时，采取多角度拍摄
23	J-23	中相左跳线横担挂点		拍摄角度：平视/俯视 拍摄要求：能够清晰分辨螺栓、螺母、锁紧销等小尺寸金具及防振锤。设备相互遮挡时，采取多角度拍摄
24	J-24	中相左跳线绝缘子串		拍摄角度：平视 拍摄要求：需覆盖绝缘子整串，可拍多张照片，最终能够清晰分辨绝缘子表面损痕和每片绝缘子连接情况

拍摄部位编号	悬停位置	拍摄部位	示例	拍摄方法
25	J-25	中相左跳线导线端挂点		拍摄角度：平视／俯视 拍摄要求：能够清晰分辨螺栓、螺母、锁紧销等小尺寸金具及防振锤。设备相互遮挡时，采取多角度拍摄
26	J-26	中相右跳线横担挂点		拍摄角度：平视／俯视 拍摄要求：能够清晰分辨螺栓、螺母、锁紧销等小尺寸金具及防振锤。设备相互遮挡时，采取多角度拍摄
27	J-27	中相右跳线绝缘子串		拍摄角度：平视 拍摄要求：需覆盖绝缘子整串，可拍多张照片，最终能够清晰分辨绝缘子表面损痕和每片绝缘子连接情况
28	J-28	中相右跳线导线端挂点		拍摄角度：平视／俯视 拍摄要求：能够清晰分辨螺栓、螺母、锁紧销等小尺寸金具及防振锤。设备相互遮挡时，采取多角度拍摄
29	K-29	右相小号侧导线端挂点		拍摄角度：平视／俯视 拍摄要求：能够清晰分辨螺栓、螺母、锁紧销等小尺寸金具及防振锤。设备相互遮挡时，采取多角度拍摄
30	K-30	右相小号侧绝缘子串		拍摄角度：平视 拍摄要求：需覆盖绝缘子整串，可拍多张照片，最终能够清晰分辨绝缘子表面损痕和每片绝缘子连接情况

续表

拍摄部位编号	悬停位置	拍摄部位	示例	拍摄方法
31	K-31	右相小号侧横担挂点		拍摄角度：平视 / 俯视 拍摄要求：能够清晰分辨螺栓、螺母、锁紧销等小尺寸金具及防振锤。设备相互遮挡时，采取多角度拍摄
32	K-32	右相大号侧横担挂点		拍摄角度：平视 / 俯视 拍摄要求：能够清晰分辨螺栓、螺母、锁紧销等小尺寸金具及防振锤。设备相互遮挡时，采取多角度拍摄
33	K-33	右相大号侧绝缘子串		拍摄角度：平视 拍摄要求：需覆盖绝缘子整串，可拍多张照片，最终能够清晰分辨绝缘子表面损痕和每片绝缘子连接情况
34	K-34	右相大号侧导线端挂点		拍摄角度：平视 / 俯视 拍摄要求：能够清晰分辨螺栓、螺母、锁紧销等小尺寸金具及防振锤。设备相互遮挡时，采取多角度拍摄
35	K-35	小号侧通道		拍摄角度：平视 拍摄要求：能够清晰完整看到杆塔的通道情况，如建筑物、树木、交叉、跨越的线路等
36	K-36	大号侧通道		拍摄角度：平视 拍摄要求：能够清晰完整看到杆塔的通道情况，如建筑物、树木、交叉、跨越的线路等

（5）交流线路双回耐张塔。交流线路双回耐张塔无人机巡检路径规划图如图 3-7 所示，图中标号含义见表 3-8 中的悬停位置和拍摄部位。

图 3-7　交流线路双回耐张塔无人机巡检路径规划图

表 3-8　　　　　　　　交流线路双回耐张塔无人机巡检拍摄规则

拍摄部位编号	悬停位置	拍摄部位	示例	拍摄方法
1	A-1	全塔		拍摄角度：俯视 拍摄要求：杆塔全貌，能够清晰分辨全塔和杆塔角度，主体占比不低于全幅 80%
2	B-2	塔头		拍摄角度：俯视 拍摄要求：能够完整看到杆塔塔头
3	C-3	塔身		拍摄角度：平视 / 俯视 拍摄要求：能够看到除塔头、基础外的其他结构全貌

续表

拍摄部位编号	悬停位置	拍摄部位	示例	拍摄方法
4	D-4	杆号牌		拍摄角度：平视/俯视 拍摄要求：能够清晰分辨杆号牌上线路双重名称
5	E-5	基础		拍摄角度：俯视 拍摄要求：能够清晰看到基础附近地面情况
6	F-6	左回下相小号侧绝缘子导线端挂点		拍摄角度：平视/俯视 拍摄要求：能够清晰分辨螺栓、螺母、锁紧销等小尺寸金具及防振锤。设备相互遮挡时，采取多角度拍摄
7	F-7	左回下相小号侧绝缘子		拍摄角度：俯视 拍摄要求：需覆盖绝缘子整串，可拍多张照片，最终能够清晰分辨绝缘子表面损痕和每片绝缘子连接情况
8	F-8	左回下相小号侧绝缘子横担端挂点		拍摄角度：平视/俯视 拍摄要求：能够清晰分辨螺栓、螺母、锁紧销等小尺寸金具及防振锤。设备相互遮挡时，采取多角度拍摄
9	F-9	左回下相大号侧绝缘子横担端挂点		拍摄角度：平视/俯视 拍摄要求：能够清晰分辨螺栓、螺母、锁紧销等小尺寸金具及防振锤。设备相互遮挡时，采取多角度拍摄

续表

拍摄部位编号	悬停位置	拍摄部位	示例	拍摄方法
10	F-10	左回下相大号侧绝缘子		拍摄角度：俯视 拍摄要求：需覆盖绝缘子整串，可拍多张照片，最终能够清晰分辨绝缘子表面损痕和每片绝缘子连接情况
11	F-11	左回下相大号侧绝缘子导线端挂点		拍摄角度：平视/俯视 拍摄要求：能够清晰分辨螺栓、螺母、锁紧销等小尺寸金具及防振锤。设备相互遮挡时，采取多角度拍摄
12	G-12	左回中相小号侧绝缘子导线端挂点		拍摄角度：平视/俯视 拍摄要求：能够清晰分辨螺栓、螺母、锁紧销等小尺寸金具及防振锤。设备相互遮挡时，采取多角度拍摄
13	G-13	左回中相小号侧绝缘子		拍摄角度：俯视 拍摄要求：需覆盖绝缘子整串，可拍多张照片，最终能够清晰分辨绝缘子表面损痕和每片绝缘子连接情况
14	G-14	左回中相小号侧绝缘子横担端挂点		拍摄角度：平视/俯视 拍摄要求：能够清晰分辨螺栓、螺母、锁紧销等小尺寸金具及防振锤。设备相互遮挡时，采取多角度拍摄
15	G-15	左回中相大号侧绝缘子横担端挂点		拍摄角度：平视/俯视 拍摄要求：能够清晰分辨螺栓、螺母、锁紧销等小尺寸金具及防振锤。金具相互遮挡时，采取多角度拍摄

续表

拍摄部位编号	悬停位置	拍摄部位	示例	拍摄方法
16	G-16	左回中相大号侧绝缘子		拍摄角度：俯视 拍摄要求：需覆盖绝缘子整串，可拍多张照片，最终能够清晰分辨绝缘子表面损痕和每片绝缘子连接情况
17	G-17	左回中相大号侧绝缘子导线端挂点		拍摄角度：平视/俯视 拍摄要求：能够清晰分辨螺栓、螺母、锁紧销等小尺寸金具及防振锤。设备相互遮挡时，采取多角度拍摄
18	H-18	左回上相小号侧绝缘子导线端挂点		拍摄角度：平视/俯视 拍摄要求：能够清晰分辨螺栓、螺母、锁紧销等小尺寸金具及防振锤。金具相互遮挡时，采取多角度拍摄
19	H-19	左回上相小号侧绝缘子		拍摄角度：俯视 拍摄要求：需覆盖绝缘子整串，可拍多张照片，最终能够清晰分辨绝缘子表面损痕和每片绝缘子连接情况
20	H-20	左回上相小号侧绝缘子横担端挂点		拍摄角度：平视/俯视 拍摄要求：能够清晰分辨螺栓、螺母、锁紧销等小尺寸金具及防振锤。金具相互遮挡时，采取多角度拍摄
21	H-21	左回上相大号侧绝缘子横担端挂点		拍摄角度：平视/俯视 拍摄要求：能够清晰分辨螺栓、螺母、锁紧销等小尺寸金具及防振锤。金具相互遮挡时，采取多角度拍摄

拍摄部位编号	悬停位置	拍摄部位	示例	拍摄方法
22	H-22	左回上相大号侧绝缘子		拍摄角度：俯视 拍摄要求：需覆盖绝缘子整串，可拍多张照片，最终能够清晰分辨绝缘子表面损痕和每片绝缘子连接情况
23	H-23	左回上相大号侧绝缘子导线端挂点		拍摄角度：平视 / 俯视 拍摄要求：能够清晰分辨螺栓、螺母、锁紧销等小尺寸金具及防振锤。金具相互遮挡时，采取多角度拍摄
24	I-24	左回地线挂点		拍摄角度：平视 / 俯视 拍摄要求：能够清晰分辨金具的组合安装状况，与地线接触位置铝包带安装状态。设备相互遮挡时，采取多角度拍摄
25	J-25	右回地线挂点		拍摄角度：平视 / 俯视 拍摄要求：能够清晰分辨金具的组合安装状况，与地线接触位置铝包带安装状态。设备相互遮挡时，采取多角度拍摄
26	K-26	右回上相小号侧绝缘子导线端挂点		拍摄角度：平视 / 俯视 拍摄要求：能够清晰分辨螺栓、螺母、锁紧销等小尺寸金具及防振锤。金具相互遮挡时，采取多角度拍摄
27	K-27	右回上相小号侧绝缘子		拍摄角度：俯视 拍摄要求：需覆盖绝缘子整串，可拍多张照片，最终能够清晰分辨绝缘子表面损痕和每片绝缘子连接情况

续表

拍摄部位编号	悬停位置	拍摄部位	示例	拍摄方法
28	K-28	右回上相小号侧绝缘子横担端挂点		拍摄角度：平视/俯视 拍摄要求：能够清晰分辨螺栓、螺母、锁紧销等小尺寸金具及防振锤。金具相互遮挡时，采取多角度拍摄
29	K-29	右回上相小号侧跳线绝缘子横担端挂点		拍摄角度：平视/俯视 拍摄要求：采用平拍方式针对销钉穿向，拍摄上挂点连接金具；采用俯拍方式拍摄挂点上方螺栓及销钉情况
30	K-30	右回上相跳线绝缘子		拍摄角度：平视 拍摄要求：拍摄出绝缘子的全貌，应能够清晰识别每一片伞裙
31	K-31	右回上相跳线绝缘子导线端挂点		拍摄角度：杆塔右回上相跳线绝缘子外侧适当距离处 拍摄要求：分别于导线金具的小号侧与大号侧拍摄照片两张，每张照片应包括从绝缘子末端碗头至重锤片的全景，且金具部分应占照片50%空间以上
32	K-32	右回上相大号侧绝缘子横担端挂点		拍摄角度：平视/俯视 拍摄要求：能够清晰分辨螺栓、螺母、锁紧销等小尺寸金具及防振锤。金具相互遮挡时，采取多角度拍摄
33	K-33	右回上相大号侧绝缘子		拍摄角度：俯视 拍摄要求：需覆盖绝缘子整串，可拍多张照片，最终能够清晰分辨绝缘子表面损痕和每片绝缘子连接情况

拍摄部位编号	悬停位置	拍摄部位	示例	拍摄方法
34	K-34	右回上相大号侧绝缘子导线端挂点		拍摄角度：平视 / 俯视 拍摄要求：能够清晰分辨螺栓、螺母、锁紧销等小尺寸金具及防振锤。金具相互遮挡时，采取多角度拍摄
35	L-35	右回中相小号侧绝缘子导线端挂点		拍摄角度：平视 / 俯视 拍摄要求：能够清晰分辨螺栓、螺母、锁紧销等小尺寸金具及防振锤。金具相互遮挡时，采取多角度拍摄
36	L-36	右回中相小号侧绝缘子		拍摄角度：俯视 拍摄要求：需覆盖绝缘子整串，可拍多张照片，最终能够清晰分辨绝缘子表面损痕和每片绝缘子连接情况
37	L-37	右回中相小号侧绝缘子横担端挂点		拍摄角度：平视 / 俯视 拍摄要求：能够清晰分辨螺栓、螺母、锁紧销等小尺寸金具及防振锤。金具相互遮挡时，采取多角度拍摄
38	L-38	右回中相跳线绝缘子横担端挂点		拍摄角度：平视 / 俯视 拍摄要求：采用平拍方式针对销钉穿向，拍摄上挂点连接金具；采用俯拍方式拍摄挂点上方螺栓及销钉情况
39	L-39	右回中相跳线绝缘子		拍摄角度：平视 拍摄要求：拍摄出绝缘子的全貌，应能够清晰识别每一片伞裙

拍摄部位编号	悬停位置	拍摄部位	示例	拍摄方法
40	L-40	右回中相跳线绝缘子导线端挂点		拍摄角度：平视 拍摄要求：分别于导线金具的小号侧与大号侧拍摄照片两张，每张照片应包括从绝缘子末端碗头至重锤片的全景，且金具部分应占照片50%空间以上
41	L-41	右回中相大号侧绝缘子横担端挂点		拍摄角度：平视／俯视 拍摄要求：能够清晰分辨螺栓、螺母、锁紧销等小尺寸金具及防振锤。金具相互遮挡时，采取多角度拍摄
42	L-42	右回中相大号侧绝缘子		拍摄角度：俯视 拍摄要求：需覆盖绝缘子整串，可拍多张照片，最终能够清晰分辨绝缘子表面损痕和每片绝缘子连接情况
43	L-43	右回中相大号侧绝缘子导线端挂点		拍摄角度：平视／俯视 拍摄要求：能够清晰分辨螺栓、螺母、锁紧销等小尺寸金具及防振锤。金具相互遮挡时，采取多角度拍摄
44	M-44	右回下相小号侧绝缘子导线端挂点		拍摄角度：平视／俯视 拍摄要求：能够清晰分辨螺栓、螺母、锁紧销等小尺寸金具及防振锤。金具相互遮挡时，采取多角度拍摄
45	M-45	右回下相小号侧绝缘子		拍摄角度：俯视 拍摄要求：需覆盖绝缘子整串，可拍多张照片，最终能够清晰分辨绝缘子表面损痕和每片绝缘子连接情况

续表

拍摄部位编号	悬停位置	拍摄部位	示例	拍摄方法
46	M-46	右回下相小号侧绝缘子横担端挂点		拍摄角度：平视 / 俯视 拍摄要求：能够清晰分辨螺栓、螺母、锁紧销等小尺寸金具及防振锤。金具相互遮挡时，采取多角度拍摄
47	M-47	右回下相跳线绝缘子横担端挂点		拍摄角度：平视 / 俯视 拍摄要求：采用平拍方式针对销钉穿向，拍摄上挂点连接金具；采用俯拍方式拍摄挂点上方螺栓及销钉情况
48	M-48	右回下相跳线绝缘子		拍摄角度：平视 拍摄要求：拍摄出绝缘子的全貌，应能够清晰识别每一片伞裙
50	M-50	右回下相大号侧绝缘子横担端挂点		拍摄角度：平视 / 俯视 拍摄要求：能够清晰分辨螺栓、螺母、锁紧销等小尺寸金具及防振锤。金具相互遮挡时，采取多角度拍摄
51	M-51	右回下相大号侧绝缘子		拍摄角度：俯视 拍摄要求：需覆盖绝缘子整串，可拍多张照片，最终能够清晰分辨绝缘子表面损痕和每片绝缘子连接情况
52	M-52	右回下相大号侧绝缘子导线端挂点		拍摄角度：平视 / 俯视 拍摄要求：能够清晰分辨螺栓、螺母、锁紧销等小尺寸金具及防振锤。金具相互遮挡时，采取多角度拍摄

续表

拍摄部位编号	悬停位置	拍摄部位	示例	拍摄方法
53	N-53	小号侧通道		能够清晰完整看到杆塔的通道情况,如建筑物、树木、交叉、跨越等线路等
54	N-54	大号侧通道		能够清晰完整看到杆塔的通道情况,如建筑物、树木、交叉、跨越等线路等

（6）交流线路换位塔。交流线路单回耐张转角换位塔无人机巡检路径规划如图 3-8 所示,图中标号含义见表 3-9 中的悬停位置和拍摄部位。

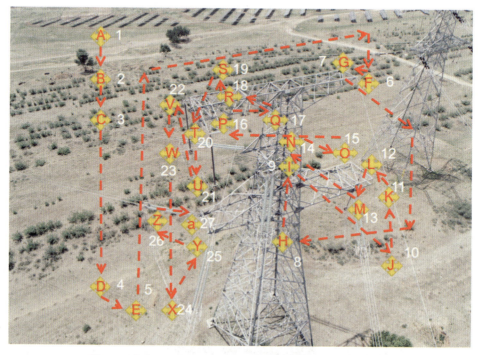

图 3-8　交流线路单回耐张转角换位塔无人机巡检路径规划

表 3-9　　　　　交流线路单回耐张转角换位塔无人机巡检拍摄规则

拍摄部位编号	悬停位置	拍摄部位	示例	拍摄方法
1	A-1	全塔		拍摄角度：平视 / 俯视 拍摄要求：杆塔全貌，能够清晰分辨全塔和杆塔角度，主体占比不低于全幅 80%
2	B-2	塔头		拍摄角度：平视 / 俯视 拍摄要求：能够完整看到杆塔塔头
3	C-3	通道		拍摄角度：平视 / 俯视 拍摄要求：能够看到当前塔与下一基杆塔通道全貌
4	D-4	杆号牌		拍摄角度：平视 / 俯视 拍摄要求：能够清晰分辨杆号牌上线路双重名称
5	E-5	基础		拍摄角度：俯视 拍摄要求：能够清晰看到基础附近地面情况
6	F-6	右侧小号侧架空地线挂点		拍摄角度：平视 / 俯视 拍摄要求：能够清晰分辨金具的组合安装状况，与地线接触位置铝包带安装状态。设备相互遮挡时，采取多角度拍摄

续表

拍摄部位编号	悬停位置	拍摄部位	示例	拍摄方法
7	G-7	右侧大号侧架空地线挂点		拍摄角度：平视／俯视 拍摄要求：能够清晰分辨金具的组合安装状况，与地线接触位置铝包带安装状态。设备相互遮挡时，采取多角度拍摄
8	H-8	中相小号侧导线侧挂点		拍摄角度：平视／俯视／仰视 拍摄要求：能够清晰分辨螺栓、螺母、锁紧销等小尺寸金具及防振锤。金具相互遮挡时，采取多角度拍摄
9	I-9	中相小号侧横担侧挂点		拍摄角度：平视／俯视 拍摄要求：能够清晰分辨螺栓、螺母、锁紧销等小尺寸金具及防振锤。金具相互遮挡时，采取多角度拍摄
10	J-10	右相小号侧导线侧挂点		拍摄角度：平视／俯视／仰视 拍摄要求：能够清晰分辨螺栓、螺母、锁紧销等小尺寸金具及防振锤。金具相互遮挡时，采取多角度拍摄
11	K-11	右相小号侧横担侧挂点		拍摄角度：平视／俯视 拍摄要求：能够清晰分辨螺栓、螺母、锁紧销等小尺寸金具及防振锤。金具相互遮挡时，采取多角度拍摄
12	L-12	右相引流线横担侧挂点		拍摄角度：平视／俯视 拍摄要求：能够清晰分辨螺栓、螺母、锁紧销等小尺寸金具及防振锤。金具相互遮挡时，采取多角度拍摄

拍摄部位编号	悬停位置	拍摄部位	示例	拍摄方法
13	M-13	右相引流线导线侧挂点		拍摄角度：平视 / 俯视 拍摄要求：能够清晰分辨螺栓、螺母、锁紧销等小尺寸金具及防振锤。金具相互遮挡时，采取多角度拍摄
14	N-14	右相大号侧导线侧挂点		拍摄角度：平视 / 俯视 拍摄要求：能够清晰分辨螺栓、螺母、锁紧销等小尺寸金具及防振锤。金具相互遮挡时，采取多角度拍摄
15	O-15	右相大号侧横担侧挂点		拍摄角度：平视 / 俯视 拍摄要求：能够清晰分辨螺栓、螺母、锁紧销等小尺寸金具及防振锤。金具相互遮挡时，采取多角度拍摄
16	P-16	中相大号侧导线侧挂点		拍摄角度：平视 / 俯视 / 仰视 拍摄要求：能够清晰分辨螺栓、螺母、锁紧销等小尺寸金具及防振锤。金具相互遮挡时，采取多角度拍摄
17	Q-17	中相大号侧横担侧挂点		拍摄角度：平视 / 俯视 / 仰视 拍摄要求：能够清晰分辨螺栓、螺母、锁紧销等小尺寸金具及防振锤。金具相互遮挡时，采取多角度拍摄
18	R-18	左侧小号侧架空地线挂点		拍摄角度：平视 / 俯视 拍摄要求：能够清晰分辨金具的组合安装状况，与地线接触位置铝包带安装状态。设备相互遮挡时，采取多角度拍摄

拍摄部位编号	悬停位置	拍摄部位	示例	拍摄方法
19	S-19	左侧大号侧架空地线挂点		拍摄角度：平视/俯视 拍摄要求：能够清晰分辨金具的组合安装状况，与地线接触位置铝包带安装状态。设备相互遮挡时，采取多角度拍摄
20	T-20	中相小号侧引流线横担侧挂点		拍摄角度：平视/俯视 拍摄要求：能够清晰分辨螺栓、螺母、锁紧销等小尺寸金具及防振锤。金具相互遮挡时，采取多角度拍摄
21	U-21	中相小号侧引流线导线侧挂点		拍摄角度：平视/俯视 拍摄要求：能够清晰分辨螺栓、螺母、锁紧销等小尺寸金具及防振锤。金具相互遮挡时，采取多角度拍摄
22	V-22	中相大号侧引流线横担侧挂点		拍摄角度：平视/俯视 拍摄要求：能够清晰分辨螺栓、螺母、锁紧销等小尺寸金具及防振锤。金具相互遮挡时，采取多角度拍摄
23	W-23	中相大号侧引流线导线侧挂点		拍摄角度：平视/俯视 拍摄要求：能够清晰分辨螺栓、螺母、锁紧销等小尺寸金具及防振锤。金具相互遮挡时，采取多角度拍摄
24	X-24	左相小号侧导线侧挂点		拍摄角度：平视/俯视 拍摄要求：能够清晰分辨螺栓、螺母、锁紧销等小尺寸金具及防振锤。金具相互遮挡时，采取多角度拍摄

续表

拍摄部位编号	悬停位置	拍摄部位	示例	拍摄方法
25	Y-25	左相小号侧横担侧挂点		拍摄角度：平视 / 俯视 拍摄要求：能够清晰分辨螺栓、螺母、锁紧销等小尺寸金具及防振锤。金具相互遮挡时，采取多角度拍摄
26	Z-26	左相大号侧导线侧挂点		拍摄角度：平视 / 俯视 拍摄要求：能够清晰分辨螺栓、螺母、锁紧销等小尺寸金具及防振锤。金具相互遮挡时，采取多角度拍摄
27	a-27	左相大号侧横担侧挂点		拍摄角度：平视 / 俯视 拍摄要求：能够清晰分辨螺栓、螺母、锁紧销等小尺寸金具及防振锤。金具相互遮挡时，采取多角度拍摄

（7）交流线路紧凑型塔。交流线路紧凑型塔无人机巡检路径规划图如图 3-9 所示，图中标号含义见表 3-10 中的悬停位置和拍摄部位。

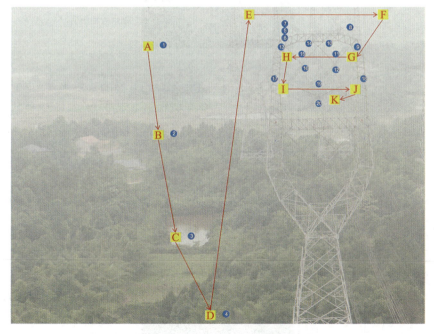

图 3-9　交流线路紧凑型塔无人机巡检路径规划图

表 3-10 交流线路紧凑型塔无人机巡检拍摄规则

拍摄部位编号	悬停位置	拍摄部位	示例	拍摄方法
1	A-1	全塔		拍摄角度：平视/俯视 拍摄要求：杆塔全貌，能够清晰分辨全塔和杆塔角度，主体占比不低于全幅80%
2	B-2	塔头		拍摄角度：平视/俯视 拍摄要求：能够完整看到杆塔塔头
3	C-3	杆号牌		拍摄角度：平视/俯视 拍摄要求：能够清晰分辨杆号牌上线路双重名称
4	D-4	基础		拍摄角度：俯视 拍摄要求：能够清晰看到基础附近地面情况
5	E-5	左侧地线挂点		拍摄角度：平视/俯视 拍摄要求：能够清晰分辨金具的组合安装状况，与地线接触位置铝包带安装状态。设备相互遮挡时，采取多角度拍摄
6	E-6	左侧地线小号侧防振锤		拍摄角度：平视/俯视 拍摄要求：能够清晰分辨防振锤的安装状况
7	E-7	左侧地线大号侧防振锤		拍摄角度：平视/俯视 拍摄要求：能够清晰分辨防振锤的安装状况

续表

拍摄部位编号	悬停位置	拍摄部位	示例	拍摄方法
8	F-8	右侧光缆挂点		拍摄角度：平视 / 俯视 拍摄要求：能够清晰分辨金具组合安装状况，与地线接触位置铝包带安装状态，悬式绝缘子连接状况。设备相互遮挡时，采取多角度拍摄
9	G-9	右相横担外侧挂点		拍摄角度：平视 拍摄要求：能够清晰分辨螺栓、螺母、锁紧销等小尺寸金具。金具相互遮挡时，采取多角度拍摄
10	G-10	右相横担内侧挂点		拍摄角度：平视 拍摄要求：能够清晰分辨螺栓、螺母、锁紧销等小尺寸金具。金具相互遮挡时，采取多角度拍摄
11	G-11	右相绝缘子串（V 串）		拍摄角度：平视 拍摄要求：需覆盖绝缘子整串，可拍多张照片，最终能够清晰分辨绝缘子表面损痕和每片绝缘子连接情况
12	G-12	右相导线侧挂点		拍摄角度：平视 / 俯视 拍摄要求：能够清晰分辨螺栓、螺母、锁紧销等小尺寸金具及防振锤。金具相互遮挡时，采取多角度拍摄
13	H-13	左相横担外侧挂点		拍摄角度：平视 拍摄要求：能够清晰分辨螺栓、螺母、锁紧销等小尺寸金具。金具相互遮挡时，采取多角度拍摄
14	H-14	左相横担内侧挂点		拍摄角度：平视 拍摄要求：能够清晰分辨螺栓、螺母、锁紧销等小尺寸金具。金具相互遮挡时，采取多角度拍摄

拍摄部位编号	悬停位置	拍摄部位	示例	拍摄方法
15	H-15	左相绝缘子串（V串）		拍摄角度：平视 拍摄要求：需覆盖绝缘子整串，可拍多张照片，最终能够清晰分辨绝缘子表面损痕和每片绝缘子连接情况
16	H-16	左相导线侧挂点		拍摄角度：平视/俯视 拍摄要求：能够清晰分辨螺栓、螺母、锁紧销等小尺寸金具及防振锤。金具相互遮挡时，采取多角度拍摄
17	I-17	中相横担左侧挂点		拍摄角度：平视 拍摄要求：能够清晰分辨螺栓、螺母、锁紧销等小尺寸金具。金具相互遮挡时，采取多角度拍摄
18	J-18	中相横担右侧挂点		拍摄角度：平视 拍摄要求：能够清晰分辨螺栓、螺母、锁紧销等小尺寸金具。金具相互遮挡时，采取多角度拍摄
19	J-19	中相绝缘子串（V串）		拍摄角度：平视/俯视 拍摄要求：需覆盖绝缘子整串，可拍多张照片，最终能够清晰分辨绝缘子表面损痕和每片绝缘子连接情况
20	K-20	中相导线侧挂点		拍摄角度：俯视 拍摄要求：能够清晰分辨螺栓、螺母、锁紧销等小尺寸金具及防振锤。金具相互遮挡时，采取多角度拍摄

（8）交流线路拉线塔。交流线路拉线塔无人机巡检路径规划图如图3-10所示，图中标号含义见表3-11中的悬停位置和拍摄部位。

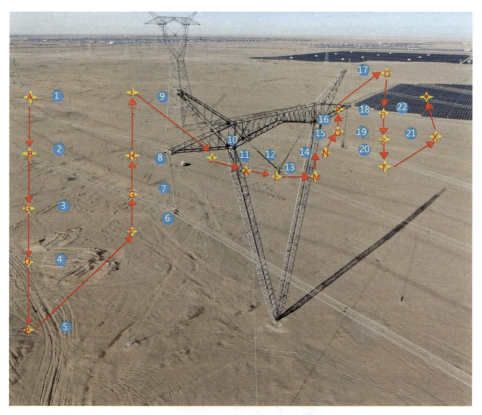

图 3-10　交流线路拉线塔无人机巡检路径规划图

表 3-11　　　　　　　　交流线路拉线塔无人机巡检拍摄规则

拍摄部位编号	悬停位置	拍摄部位	示例	拍摄方法
1	A-1	全塔		拍摄角度：左后方 45°俯视 拍摄要求：杆塔全貌，能够清晰分辨全塔和杆塔角度，主体占比不低于全幅 80%
2	B-2	塔头		拍摄角度：左后方 45°平视 拍摄要求：能够完整看到杆塔塔头、绝缘子串数量、鸟刺分布情况

续表

拍摄部位编号	悬停位置	拍摄部位	示例	拍摄方法
3	C-3	塔身		拍摄角度：左后方45°平视 拍摄要求：能够看到除塔头外的其他结构全貌包括拉线根数、基础类型
4	D-4	杆号牌		拍摄角度：平视 拍摄要求：能够清晰分辨杆号牌上线路双重名称
5	E-5	基础		拍摄角度：左后方45°平视 拍摄要求：能够清晰看到基础形式及附近地面情况、拉线分布情况
6	F-6	左相导线端挂点		拍摄角度：大号侧斜45°平视/俯视 拍摄要求：能够清晰分辨螺栓、螺母、锁紧销、均压屏蔽环、线夹处有无裂纹、分裂根数、间隔棒有无裂纹等大小尺寸金具。金具相互遮挡时，采取多角度拍摄
7	G-7	左相绝缘子		拍摄角度：平视/俯视 拍摄要求：需覆盖绝缘子整串，可拍多张照片，最终能够清晰分辨绝缘子表面损痕和每片绝缘子连接情况
8	H-8	左相横担端挂点		拍摄角度：大号侧斜45°平视/仰视 拍摄要求：能够清晰分辨螺栓、螺母、锁紧销、横担侧鸟刺分布情况、横担侧塔材有无丢失、屏蔽环有无破损及相应金具大小尺寸。金具相互遮挡时，采取多角度拍摄

续表

拍摄部位编号	悬停位置	拍摄部位	示例	拍摄方法
9	I-9	左地线挂点		拍摄角度：大号侧斜 45°平视 / 仰视 拍摄要求：能够清晰分辨螺栓、螺母、锁紧销、横担侧鸟刺分布情况、横担侧塔材有无丢失及相应金具大小尺寸。金具相互遮挡时，采取多角度拍摄
10	J-10	AB 拉线横担端挂点		拍摄角度：大号侧斜 45°仰视 拍摄要求：可以准确反映 AB 两根拉线横担侧连接情况、能够清晰分辨螺栓、螺母、锁紧销、拉线上把等小尺寸金具。金具相互遮挡时，采取多角度拍摄
11	K-11	中相绝缘子左串绝缘子横担端挂点		拍摄角度：大号侧斜 45°仰视 拍摄要求：能够清晰分辨螺栓、螺母、锁紧销等小尺寸金具。金具相互遮挡时，采取多角度拍摄
12	L-12	中相绝缘子左串绝缘子整串		拍摄角度：平视与绝缘子平行 拍摄要求：需覆盖绝缘子整串，可拍多张照片，最终能够清晰分辨绝缘子表面损痕和每片绝缘子连接情况
13	M-13	中相绝缘子左串绝缘子导线端挂点		拍摄角度：大号侧斜 45°平视 / 俯视 拍摄要求：能够清晰分辨螺栓、螺母、锁紧销、均压屏蔽环、线夹处有无裂纹、分裂根数、间隔棒有无裂纹等大小尺寸金具。金具相互遮挡时，采取多角度拍摄
14	N-14	中相绝缘子右串绝缘子整串		拍摄角度：平视 / 俯视 拍摄要求：需覆盖绝缘子整串，可拍多张照片，最终能够清晰分辨绝缘子表面损痕和每片绝缘子连接情况

续表

拍摄部位编号	悬停位置	拍摄部位	示例	拍摄方法
15	O-15	中相绝缘子右串绝缘子横担端挂点		拍摄角度：大号侧斜 45° 仰视 拍摄要求：能够清晰分辨螺栓、螺母、锁紧销等小尺寸金具。金具相互遮挡时，采取多角度拍摄
16	P-16	CD 拉线横担端挂点		拍摄角度：大号侧斜 45° 平视 拍摄要求：能够清晰分辨螺栓、螺母、锁紧销等小尺寸金具及防振锤。金具相互遮挡时，采取多角度拍摄
17	Q-17	右地线挂点		拍摄角度：大号侧斜 45° 平视 / 仰视 拍摄要求：能够清晰分辨螺栓、螺母、锁紧销等小尺寸金具。金具相互遮挡时，采取多角度拍摄
18	R-18	右相绝缘子横担端挂点		拍摄角度：大号侧斜 45° 平视 / 仰视 拍摄要求：能够清晰分辨螺栓、螺母、锁紧销等小尺寸金具。金具相互遮挡时，采取多角度拍摄
19	S-19	右相绝缘子		拍摄角度：平视 / 俯视 拍摄要求：需覆盖绝缘子整串，可拍多张照片，最终能够清晰分辨绝缘子表面损痕和每片绝缘子连接情况
20	T-20	右相绝缘子导线端挂点		拍摄角度：大号侧斜 45° 平视 / 俯视 拍摄要求：能够清晰分辨螺栓、螺母、锁紧销、均压屏蔽环、线夹处有无裂纹、分裂根数、间隔棒有无裂纹等大小尺寸金具。金具相互遮挡时，采取多角度拍摄

续表

拍摄部位编号	悬停位置	拍摄部位	示例	拍摄方法
21	X-21	小号侧通道		拍摄角度：平视 拍摄要求：包括本基塔左相整串绝缘子及上一基全塔可分辨塔型、通道内应清楚反应有无大型施工车辆或外破隐患点
22	Y-22	大号侧通道		拍摄角度：平视 拍摄要求：包括本基塔左相整串绝缘子及下一基全塔可分辨塔型、通道内应清楚反应有无大型施工车辆或外破隐患点

（9）直流线路单回直线塔。直流线路单回直线塔无人机巡检路径规划图如图 3-11 所示，图中标号含义见表 3-12 中的悬停位置和拍摄部位。

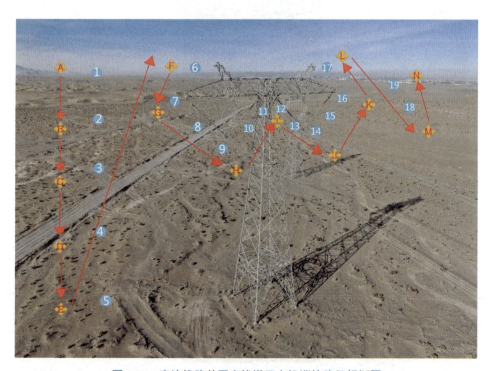

图 3-11　直流线路单回直线塔无人机巡检路径规划图

表 3-12 直流线路单回直线塔无人机巡检拍摄规则

拍摄部位编号	悬停位置	拍摄部位	示例	拍摄方法
1	A-1	全塔		拍摄角度：左后方 45°俯视 拍摄要求：杆塔全貌，能够清晰分辨全塔和杆塔角度，主体占比不低于全幅 80%
2	B-2	塔头		拍摄角度：左后方 45°平视 拍摄要求：能够完整看到杆塔塔头、绝缘子串数量、鸟刺分布情况
3	C-3	塔身		拍摄角度：左后方 45°平视 / 俯视 拍摄要求：能够看到除塔头外的其他结构全貌包括绝缘子、基础类型
4	D-4	杆号牌		拍摄角度：平视 拍摄要求：能够清晰分辨杆号牌上线路双重名称
5	E-5	基础		拍摄角度：左后方 45°平视 / 俯视 拍摄要求：能够清晰看到基础形式及附近地面情况

续表

拍摄部位编号	悬停位置	拍摄部位	示例	拍摄方法
6	F-6	极Ⅰ线地线挂线点		拍摄角度：平视 拍摄要求：能够清晰分辨螺栓、螺母、锁紧销、均压屏蔽环等小尺寸金具。金具相互遮挡时，采取多角度拍摄
7	G-7	极Ⅰ线绝缘子串右串横担侧挂点		拍摄角度：平视/俯视 拍摄要求：能够清晰分辨螺栓、螺母、锁紧销等小尺寸金具。金具相互遮挡时，采取多角度拍摄
8	G-8	极Ⅰ线绝缘子串右串		拍摄角度：俯视 拍摄要求：需覆盖绝缘子整串，可拍多张照片，最终能够清晰分辨绝缘子表面损痕和每片绝缘子连接情况
9	H-9	极Ⅰ线绝缘子串右串导线侧挂点		拍摄角度：大号侧斜45°平视/俯视 拍摄要求：能够清晰分辨螺栓、螺母、锁紧销、线夹有无裂纹等小尺寸金具。金具相互遮挡时，采取多角度拍摄
10	H-10	极Ⅰ相左串绝缘子整串		拍摄角度：平视/俯视 拍摄要求：需覆盖绝缘子整串，可拍多张照片，最终能够清晰分辨绝缘子表面损痕和每片绝缘子连接情况
11	I-11	极Ⅰ线绝缘子串左串横担侧挂点		拍摄角度：俯视 拍摄要求：能够清晰分辨螺栓、螺母、锁紧销等小尺寸金具。金具相互遮挡时，采取多角度拍摄

拍摄部位编号	悬停位置	拍摄部位	示例	拍摄方法
12	I-12	极Ⅱ相右串绝缘子横担端挂点		拍摄角度：平视／仰视 拍摄要求：能够清晰分辨螺栓、螺母、锁紧销、均压屏蔽环等小尺寸金具。金具相互遮挡时，采取多角度拍摄
13	I-13	极Ⅱ相右串绝缘子		拍摄角度：平视／俯视 拍摄要求：需覆盖绝缘子整串，可拍多张照片，最终能够清晰分辨绝缘子表面损痕和每片绝缘子连接情况
14	J-14	极Ⅱ相左串绝缘子导线端挂点		拍摄角度：大号侧斜45°平视／俯视 拍摄要求：能够清晰分辨螺栓、螺母、锁紧销、线夹有无裂纹等小尺寸金具。金具相互遮挡时，采取多角度拍摄
15	J-15	极Ⅱ相左串绝缘子		拍摄角度：平视与绝缘子平行 拍摄要求：需覆盖绝缘子整串，可拍多张照片，最终能够清晰分辨绝缘子表面损痕和每片绝缘子连接情况
16	K-16	极Ⅱ相绝缘子横担端挂点		拍摄角度：平视／仰视 拍摄要求：能够清晰分辨螺栓、螺母、锁紧销、横担侧塔材有无丢失、屏蔽环有无破损及相应金具大小尺寸。金具相互遮挡时，采取多角度拍摄
17	L-17	极Ⅱ线地线挂线点		拍摄角度：平视 拍摄要求：能够清晰分辨螺栓、螺母、锁紧销大小尺寸金具。金具相互遮挡时，采取多角度拍摄

拍摄部位编号	悬停位置	拍摄部位	示例	拍摄方法
18	M-18	小号侧通道		拍摄角度：平视 拍摄要求：包括本基塔左相整串绝缘子及上一基全塔可分辨塔型、通道内应清楚反应有无大型施工车辆或外破隐患点
19	N-19	大号侧通道		拍摄角度：平视 拍摄要求：包括本基塔左相整串绝缘子及下一基全塔可分辨塔型、通道内应清楚反应有无大型施工车辆或外破隐患点

（10）直流线路单回耐张塔。直流线路单回耐张塔无人机巡检路径规划图如图 3-12 所示，图中标号含义见表 3-13 中的悬停位置和拍摄部位。

图 3-12　直流线路单回耐张塔无人机巡检路径规划图

表 3-13 　　　　直流线路单回耐张塔无人机巡检拍摄规则

拍摄部位编号	悬停位置	拍摄部位	示例	拍摄方法
1	A-1	全塔		拍摄角度：平视/俯视 拍摄要求：杆塔全貌，能够清晰分辨全塔和杆塔角度，主体占比不低于全幅80%
2	B-2	塔头		拍摄角度：平视/俯视 拍摄要求：能够完整看到杆塔塔头
3	C-3	塔身		拍摄角度：平视/俯视 拍摄要求：能够看到除塔头、基础外的其他结构全貌
4	D-4	杆号牌		拍摄角度：平视/俯视 拍摄要求：能够清晰分辨杆号牌上线路双重名称
5	E-5	基础		拍摄角度：俯视 拍摄要求：能够清晰看到基础附近地面情况
6	F-7	左极小号侧绝缘子		拍摄角度：俯视 拍摄要求：需覆盖绝缘子整串，可拍多张照片，最终能够清晰分辨绝缘子表面损痕和每片绝缘子连接情况

续表

拍摄部位编号	悬停位置	拍摄部位	示例	拍摄方法
7	G-9	左极小号侧跳线串横担端挂点		拍摄角度：平视/俯视 拍摄要求：采用平拍方式针对销钉穿向，拍摄上挂点连接金具；采用俯拍方式拍摄挂点上方螺栓及销钉情况
8	G-10	左极小号侧跳线绝缘子		拍摄角度：平视 拍摄要求：拍摄出绝缘子的全貌，应能够清晰识别每片伞裙
9	G-11	左极小号侧跳线串导线端挂点		拍摄角度：平视 拍摄要求：照片应包括从绝缘子末端碗头至重锤片的全景
10	G-12	左极大号侧跳线串导线端挂点		拍摄角度：平视 拍摄要求：照片应包括从绝缘子末端碗头至重锤片的全景
11	G-13	左极大号侧跳线绝缘子		拍摄角度：平视 拍摄要求：拍摄出绝缘子的全貌，应能够清晰识别每片伞裙
12	G-14	左极大号侧跳线串横担端挂点		拍摄角度：平视/俯视 拍摄要求：采用平拍方式针对销钉穿向，拍摄上挂点连接金具；采用俯拍方式拍摄挂点上方螺栓及销钉情况
13	H-15	左极大号侧绝缘子横担端挂点		拍摄角度：平视/俯视 拍摄要求：能够清晰分辨螺栓、螺母、锁紧销等小尺寸金具及防振锤。金具相互遮挡时，采取多角度拍摄

拍摄部位编号	悬停位置	拍摄部位	示例	拍摄方法
14	H-16	左极大号侧绝缘子		拍摄角度：俯视 拍摄要求：需覆盖绝缘子整串，可拍多张照片，最终能够清晰分辨绝缘子表面损痕和每片绝缘子连接情况
15	H-17	左极大号侧绝缘子导线端挂点		拍摄角度：平视／俯视 拍摄要求：能够清晰分辨螺栓、螺母、锁紧销等小尺寸金具及防振锤。金具相互遮挡时，采取多角度拍摄
16	I-18	左回地线大号侧挂点		拍摄角度：平视／俯视 拍摄要求：能够清晰分辨金具的组合安装状况，与地线接触位置铝包带安装状态。设备相互遮挡时，采取多角度拍摄
17	I-19	左回地线小号侧挂点		拍摄角度：平视／俯视 拍摄要求：能够清晰分辨金具的组合安装状况，与地线接触位置铝包带安装状态。设备相互遮挡时，采取多角度拍摄
18	J-20	右回地线小号侧挂点		拍摄角度：平视／俯视 拍摄要求：能够清晰分辨金具的组合安装状况，与地线接触位置铝包带安装状态。设备相互遮挡时，采取多角度拍摄
19	J-21	右回地线大号侧挂点		拍摄角度：平视／俯视 拍摄要求：能够清晰分辨金具的组合安装状况，与地线接触位置铝包带安装状态。设备相互遮挡时，采取多角度拍摄
20	K-22	右极小号侧绝缘子导线端挂点		拍摄角度：平视／俯视 拍摄要求：能够清晰分辨螺栓、螺母、锁紧销等小尺寸金具及防振锤。金具相互遮挡时，采取多角度拍摄

续表

拍摄部位编号	悬停位置	拍摄部位	示例	拍摄方法
21	K-23	右极小号侧绝缘子		拍摄角度：俯视 拍摄要求：需覆盖绝缘子整串，可拍多张照片，最终能够清晰分辨绝缘子表面损痕和每片绝缘子连接情况
22	K-24	右极小号侧绝缘子横担端挂点		拍摄角度：平视/俯视 拍摄要求：能够清晰分辨螺栓、螺母、锁紧销等小尺寸金具及防振锤。金具相互遮挡时，采取多角度拍摄
23	L-25	右极小号侧跳线串横担端挂点		拍摄角度：平视/俯视 拍摄要求：采用平拍方式针对销钉穿向，拍摄上挂点连接金具；采用俯拍方式拍摄挂点上方螺栓及销钉情况
24	L-26	右极小号侧跳线绝缘子		拍摄角度：平视 拍摄要求：拍摄出绝缘子的全貌，应能够清晰识别每片伞裙
25	L-27	右极小号侧跳线串导线端挂点		拍摄角度：平视 拍摄要求：照片应包括从绝缘子末端碗头至重锤片的全景
26	L-28	右极大号侧跳线串导线端挂点		拍摄角度：平视 拍摄要求：照片应包括从绝缘子末端碗头至重锤片的全景
27	L-29	右极大号侧跳线绝缘子		拍摄角度：平视 拍摄要求：拍摄出绝缘子的全貌，应能够清晰识别每片伞裙

续表

拍摄部位编号	悬停位置	拍摄部位	示例	拍摄方法
28	L-30	右极大号侧跳线串横担端挂点		拍摄角度：平视/俯视 拍摄要求：采用平拍方式针对销钉穿向，拍摄上挂点连接金具；采用俯拍方式拍摄挂点上方螺栓及销钉情况
29	M-31	右极大号侧横担端挂点		拍摄角度：平视/俯视 拍摄要求：能够清晰分辨螺栓、螺母、锁紧销等小尺寸金具及防振锤。金具相互遮挡时，采取多角度拍摄
30	M-32	右极大号侧绝缘子		拍摄角度：俯视 拍摄要求：需覆盖绝缘子整串，可拍多张照片，最终能够清晰分辨绝缘子表面损痕和每片绝缘子连接情况
31	M-33	右极大号侧导线端挂点		拍摄角度：平视/俯视 拍摄要求：能够清晰分辨螺栓、螺母、锁紧销等小尺寸金具及防振锤。金具相互遮挡时，采取多角度拍摄

3.1.4 注意事项

（1）空域申请：作业前应办理空域申请手续，空域审批后方可作业，并密切跟踪当地空域变化情况。

（2）提前熟悉作业内容：作业前应掌握巡检设备的型号和参数、杆塔坐标及高度、巡检线路周围地形地貌和周边交叉跨越情况。

（3）检查设备齐全完好电量充足：作业前应检查无人机各部件是否正常，包括无人机本体、遥控器、云台相机、存储卡和电池电量等。

（4）现场环境气候确认：作业前应确认天气情况，雾、雪、大雨、冰雹、风力大于10m/s等恶劣天气不宜作业。

（5）现场交通安全：保证现场安全措施齐全，禁止行人和其他无关人员在无人机巡检现场逗留，时刻注意保持与无关人员的安全距离。避免将起降场地设在巡检线路下方、交通繁忙道路及人口密集区附近。

（6）巡检安全距离：无人机巡检时应与架空输电线路保持足够的安全距离。

（7）合理选择拍摄位置：应尽量避免杆塔被树木及其他障碍物遮挡，无人机宜在杆塔正（反）面偏左（右）15°～45°内位置拍摄。同时，无人机拍摄位置不得过高，避免云台俯视角度过大。

（8）控制拍摄比例：塔头应合理控制拍摄比例，不得将全塔摄入其中，应将全部绝缘子、防振锤、色标牌摄入其中，双串绝缘子应相互错开，不得重叠。塔身也应合理控制拍摄比例，不得将全塔摄入其中，宜在杆塔正（反）面偏左（右）15°～45°内位置拍摄。同时，应注意角钉及爬梯位置，不得被塔材遮挡、漏拍。

（9）清晰辨识杆号牌：杆号牌应能清晰辨识文字内容。

（10）全面拍摄基础：基础应将基础排水沟、截水沟、护坡、挡墙等设施全部摄入其中。应至少从两个不同角度拍摄，尽量避免塔腿被树木及其他障碍物遮挡。同时，应合理控制无人机拍摄高度，宜在最下层横担以下拍摄，并注意云台俯视角度不得过大。

（11）注意起降区域：在户外进行无人机巡检作业的时候，安全进入作业模式的基础需求就是起降场地的正确选择。在开机自检的过程中如果无人机发生大幅度或晃动不仅会导致无人机巡检时姿态检测失败，而且还会在无人机飞行过程中造成姿态数据错误。因此，无人机巡检时应该选择砂石较少的位置作为无人机起降地点，比如说水泥或沥青地就比较适合，尽量避免沙滩、草丛等砂石较多的地方。

（12）航线规划安全设置：作业前应规划应急航线，包括航线转移策略、安全返航路径和应急迫降点等。

3.2 输电线路通道巡检

3.2.1 定义

输电线路通道巡检是指对输电线路通道进行定期或不定期的巡视和检查，以确保线路的安全运行。巡检的主要内容包括：通道环境检查（检查线路通道内的树木、建筑物、施工设施等是否对线路安全运行造成影响，有无安全隐患）和交叉跨越检查（检查线路与其他线路、道路、河流等交叉跨越的情况，是否符合安全距离要求）。本书特指针对输电线路通道隐患（机械施工、漂浮物异物、林木山火、地质滑坡等）排查，开展无人机的快速巡检。

3.2.2　巡检范围

1．树竹巡检

每年 4 ～ 6 月份，在树木、毛竹生长旺盛季节，存在威胁到输电线路安全的可能性。这期间应加强线路树竹林区段巡检，及时发现超高树、竹，记录下具体的杆塔位置信息，反馈给相关部门进行后期的树木砍伐处理。

2．鸟害巡检

线路周围没有较高的树木，鸟类喜欢将巢穴设在杆塔上。根据鸟类筑巢习性，在筑巢期后进行针对鸟巢类特殊情况的巡检，获取可能存在鸟巢地段的杆塔安全运行状况。

3．山火巡检

根据森林火险等级，加强特殊区段巡检，及时发现火烧山隐患。

4．外破巡检

在山区、平原地区，经常存在开山炸石、挖方取土区的情况，可能出现损坏杆塔地基、破坏地线等情况，严重影响到输电线路的安全运行，对此要进行防外破特巡。

5．灾后快巡

线路途经区段发生灾害后，在现场条件允许时，使用机载检测设备对受灾线路进行全程录像，搜集输电设备受损及环境变化信息。

6．故障巡检

线路出现故障后，根据检测到的故障信息，确定架空输电线路的重点巡检区段和部位，查找故障点，首先检测测距杆段内设备情况，如未发现故障点，再行扩大巡检范围。通过获取具体部位的图像信息进一步分析查看线路是否存在其他异常情况。

3.2.3　巡检方法

以交流单回直线酒杯塔为例，对树竹巡检、鸟害巡检、山火巡检、外破巡检、灾后快巡、故障巡检的方法进行总结。交流单回直线酒杯塔拍摄图例如图 3-13 所示。

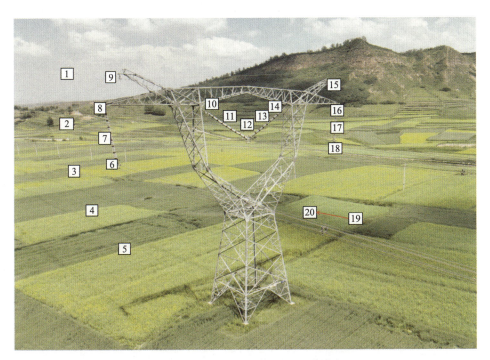

图 3-13　交流单回直线酒杯塔拍摄图例

1—塔全貌；2—塔头；3—塔身；4—杆号牌；5—塔基；6—左相导线端挂点；7—左相绝缘子串；
8—左相横担挂点；9—左侧地线；10—中相左横担挂点；11—中相左绝缘子串；12—中相导线端挂点；
13—中相右绝缘子串；14—中相右横担挂点；15—右侧地线；16—右相横担处挂点；17—右相绝缘子串；
18—右相导线端挂点；19—小号侧通道；20—大号侧通道

1．树竹区域巡检典例

树竹巡检，针对杆塔两侧通道环境进行近距离多角度拍摄，实现线树距离估测。以交流单回直线酒杯塔为例，拍摄顺序及要求见表 3-14。

表 3-14　　　　　　　　　　　树竹区域拍摄顺序及要求

拍摄部位编号	拍摄部位	无人机拍摄位置	拍摄角度	拍摄质量要求
1	塔全貌	从杆塔远处，并高于杆塔，杆塔完全在影像画面里	俯视	塔全貌完整，能够清晰分辨塔材和杆塔角度，主体上下占比不低于全幅80%
4	杆号牌	无人机镜头平视或俯视拍摄塔号牌	平／俯视	能清晰分辨杆号牌上线路双重名称

续表

拍摄部位编号	拍摄部位	无人机拍摄位置	拍摄角度	拍摄质量要求
5	塔基	走廊正面或侧面面向塔基俯视拍摄	俯视	能够看清塔基附近地面情况，能够看清拉线是否连接牢靠
19	小号侧通道	塔身侧方位置先小号通道，后大号通道	平视	（1）在杆塔边拍摄一张，能够清晰完整看到杆塔的通道情况。 （2）沿着导线平行飞行到树竹隐患点位，垂直导线和树竹隐患点进行多角度拍摄多张。 （3）通道环境条件允许，可将云台调整为 0°，使画幅中央分别对准导线和树尖进行估测
20	大号侧通道	塔身侧方位置先小号通道，后大号通道	平视	（1）在杆塔边拍摄一张，能够清晰完整看到杆塔的通道情况。 （2）沿着导线平行飞行到树竹隐患点位，垂直导线和树竹隐患点进行多角度拍摄多张。 （3）通道环境条件允许，可将云台调整为 0°，使画幅中央分别对准导线和树尖进行估测

2. 鸟害区域巡检典例

鸟害巡检，针对杆塔全塔、塔头、塔身等本体易发生鸟害的部件进行近距离多角度拍摄，实现防鸟害巡检。以交流单回直线酒杯塔为例，拍摄顺序及要求见表 3-15。

表 3-15　　　　　　　　鸟害区域拍摄顺序及要求

拍摄部位编号	拍摄部位	无人机拍摄位置	拍摄角度	拍摄质量要求
1	塔全貌	从杆塔远处，并高于杆塔，杆塔完全在影像画面里	俯视	塔全貌完整，能够清晰分辨塔材和杆塔角度，主体上下占比不低于全幅 80%
2	塔头	从杆塔斜上方拍摄	俯视	能够看到完整杆塔塔头
3	塔身	杆塔斜上方，略低于塔头拍摄高度	平/俯视	能够看到除塔头及塔基部位的其他结构全貌
4	杆号牌	无人机镜头平视或俯视拍摄塔号牌	平/俯视	能清晰分辨杆号牌上线路双重名称

3. 山火区域巡检典例

山火隐患巡检，针对杆塔及周边环境走廊进行全景俯视拍摄，实现防山火特巡。以交流单回直线酒杯塔为例，拍摄顺序及要求见表 3-16。

表 3-16   山火区域拍摄顺序及要求

拍摄部位编号	拍摄部位	无人机拍摄位置	拍摄角度	拍摄质量要求
1	塔全貌	从杆塔远处，并高于杆塔，杆塔完全在影像画面里	俯视	塔全貌完整，能够清晰分辨塔材和杆塔角度，主体上下占比不低于全幅 80%
4	杆号牌	无人机镜头平视或俯视拍摄塔号牌	平 / 俯视	能清晰分辨杆号牌上线路双重名称
19	小号侧通道	塔身侧方位置先小号通道，后大号通道	平视	能够清晰完整看到杆塔的通道情况，如建筑物、树木、交叉、跨越的线路等
20	大号侧通道	塔身侧方位置先小号通道，后大号通道	平视	能够清晰完整看到杆塔的通道情况，如建筑物、树木、交叉、跨越的线路等

4. 外破区域巡检典例

外破隐患巡视，针对线路本体和通道走廊进行沿线快巡，快速发现通道下方可能存在的机械施工、交跨、漂浮物、铁皮屋等外破隐患。以交流单回直线酒杯塔为例，拍摄顺序及要求见表 3-17。

表 3-17   外破区域拍摄顺序及要求

拍摄部位编号	拍摄部位	无人机拍摄位置	拍摄角度	拍摄质量要求
1	塔全貌	从杆塔远处，并高于杆塔，杆塔完全在影像画面里	俯视	塔全貌完整，能够清晰分辨塔材和杆塔角度，主体上下占比不低于全幅 80%
4	杆号牌	无人机镜头平视或俯视拍摄塔号牌	平 / 俯视	能清晰分辨杆号牌上线路双重名称
19	小号侧通道	塔身侧方位置先小号通道，后大号通道	平视	能够清晰完整看到杆塔的通道情况，如建筑物、树木、交叉、跨越的线路等
20	大号侧通道	塔身侧方位置先小号通道，后大号通道	平视	能够清晰完整看到杆塔的通道情况，如建筑物、树木、交叉、跨越的线路等

5. 灾后快速巡检典例

灾后快速巡检时，对灾损线路定位杆段沿着杆塔和导线进行拍照和录像，搜集输电设备受损及环境变化信息。以交流单回直线酒杯塔为例，拍摄顺序及要求见表 3-18。

表 3-18   灾后快巡拍摄顺序及要求

拍摄部位编号	拍摄部位	无人机拍摄位置	拍摄角度	拍摄质量要求
1	塔全貌	从杆塔远处，并高于杆塔，杆塔完全在影像画面里	俯视	塔全貌完整，能够清晰分辨塔材和杆塔角度，主体上下占比不低于全幅80%
19	小号侧通道	塔身侧方位置先小号通道，后大号通道	平视	能够清晰完整看到杆塔的通道情况，如建筑物、树木、交叉、跨越的线路等
20	大号侧通道	塔身侧方位置先小号通道，后大号通道	平视	能够清晰完整看到杆塔的通道情况，如建筑物、树木、交叉、跨越的线路等

6. 故障查找巡检典例

线路出现故障后，根据检测到的故障信息，确定架空输电线路的重点巡检区段和部位，查找故障点，首先检测测距杆段内设备情况，如未发现故障点，再扩大巡检范围。通过三段式巡检方式对杆塔进行精细化巡检。以交流单回直线酒杯塔为例，拍摄顺序及要求见表 3-19。

表 3-19   故障查找拍摄顺序及要求

拍摄部位编号	拍摄部位	无人机拍摄位置	拍摄角度	拍摄质量要求
1	塔全貌	从杆塔远处，并高于杆塔，杆塔完全在影像画面里	俯视	塔全貌完整，能够清晰分辨塔材和杆塔角度，主体上下占比不低于全幅80%
4	杆号牌	无人机镜头平视或俯视拍摄塔号牌	平/俯视	能清晰分辨杆号牌上线路双重名称
5	塔基	走廊正面或侧面面向塔基俯视拍摄	俯视	能够看清塔基附近地面情况，拉线是否连接牢靠
6	左相导线端挂点	面向金具锁紧销安装侧，拍摄金具整体	平/俯视	能够清晰分辨螺栓、螺母、锁紧销等小尺寸金具及防振锤。设备相互遮挡时，采取多角度拍摄。每张照片至少包含一片绝缘子
7	左相绝缘子串	正对绝缘子串，在其中心点以上位置拍摄	平视	需覆盖绝缘子整串，可拍多张照片，最终能够清晰分辨绝缘子片表面损痕和每片绝缘子连接情况
8	左相横担挂点	与挂点高度平行，小角度斜侧方拍摄	平/俯视	能够清晰分辨螺栓、螺母、锁紧销等小尺寸金具。设备相互遮挡时，采取多角度拍摄。每张照片至少包含一片绝缘子

拍摄部位编号	拍摄部位	无人机拍摄位置	拍摄角度	拍摄质量要求
9	左侧地线	高度与地线挂点平行或以不大于30°角度俯视，小角度斜侧方拍摄	平/俯/仰视	能够判断各类金具的组合安装状态，与地线接触位置铝包带安装状态，清晰分辨锁紧位置的螺母销级物件。设备相互遮挡时，采取多角度拍摄
10	中相左横担挂点	与挂点高度平行，小角度斜侧方拍摄	平视	能够清晰分辨螺栓、螺母、锁紧销等小尺寸金具。设备相互遮挡时，采取多角度拍摄。每张照片至少包含一片绝缘子
11	中相左绝缘子串	正对绝缘子串，在其中心点以上位置拍摄	平视	需覆盖绝缘子整串，可拍多张照片，最终能够清晰分辨绝缘子片表面损痕和每片绝缘子连接情况
12	中相导线端挂点	与挂点高度平行，小角度斜侧方拍摄	平视	能够清晰分辨螺栓、螺母、锁紧销等小尺寸金具及防振锤。设备相互遮挡时，采取多角度拍摄。每张照片至少包含一片绝缘子
13	中相右绝缘子串	正对绝缘子串，在其中心点以上位置拍摄	平视	需覆盖绝缘子整串，可拍多张照片，最终能够清晰分辨绝缘子片表面损痕和每片绝缘子连接情况
14	中相右横担挂点	正对横担挂点位置拍摄	平/俯视	能够清晰分辨挂点锁紧销等金具
15	右侧地线	高度与地线挂点平行或以不大于30°角度俯视，小角度斜侧方拍摄	俯视	能够判断各类金具的组合安装状态，与地线接触位置铝包带安装状态，清晰分辨锁紧位置的螺母销级物件。设备相互遮挡时，采取多角度拍摄
16	右相横担处挂点	与挂点高度平行，小角度斜侧方拍摄	平视	能够清晰分辨螺栓、螺母、锁紧销等小尺寸金具。设备相互遮挡时，采取多角度拍摄。每张照片至少包含一片绝缘子
17	右相绝缘子串	正对绝缘子串，在其中心点以上位置拍摄	平视	需覆盖绝缘子整串，如无法覆盖则至多分两段拍摄，最终能够清晰分辨绝缘子片表面损痕和每片绝缘子连接情况
18	右相导线端挂点	与挂点高度平行，小角度斜侧方拍摄	平视	能够清晰分辨螺栓、螺母、锁紧销等小尺寸金具及防振锤。设备相互遮挡时，采取多角度拍摄。每张照片至少包含一片绝缘子
19	小号侧通道	塔身侧方位置先小号通道，后大号通道	平视	能够清晰完整看到杆塔的通道情况，如建筑物、树木、交叉、跨越的线路等

拍摄部位编号	拍摄部位	无人机拍摄位置	拍摄角度	拍摄质量要求
20	大号侧通道	塔身侧方位置先小号通道，后大号通道	平视	能够清晰完整看到杆塔的通道情况，如建筑物、树木、交叉、跨越的线路等

3.2.4 注意事项

（1）现场勘查：通道巡检，应注意对通道周边环境的勘查，谨防由于巡检距离（与隐患点）过近导致坠机风险。

（2）安全设置：通道巡检过程建议安全设置为失控悬停，避免因信号突然中断导致飞行器返航途中存在坠机。

（3）飞行前检查：在飞行前，应对无人机进行全面的检查，包括电池、电机、螺旋桨、遥控器等关键部件。确保无人机处于良好的工作状态，避免因设备故障导致巡检过程中出现问题。

（4）遵守飞行规定：在无人机通道巡检过程中，应遵守当地的飞行规定和空域管理要求。确保无人机在合法、安全的空域内飞行，避免与其他飞行器发生冲突。

（5）注意天气条件：在无人机通道巡检过程中，应注意天气状况，避免在恶劣天气条件下进行飞行。如果天气不适合飞行，应推迟或取消巡检任务。

（6）保持安全距离：在无人机通道巡检过程中，应保持与输电线路和其他设备的足够安全距离。避免因距离过近导致无人机与输电线路或其他设备发生碰撞或干扰。

（7）遵守安全操作规程：在无人机通道巡检过程中，应遵守安全操作规程，确保无人机的稳定性和安全性。避免因操作不当导致无人机失控或坠落。

（8）记录巡检数据：在无人机通道巡检过程中，应对巡检数据进行记录和整理，包括输电线路的图像、视频、数据等信息。这些数据可以为后续的故障诊断和维修提供参考。

（9）及时反馈问题：在无人机通道巡检过程中，如果发现输电线路或其他设备存在异常或故障，应及时反馈给相关部门或专业人员。以便及时采取措施解决问题，确保电力系统的安全运行。

章后导练

基础演练：

1. 属于输电线路巡检红外巡检内容的是（　　）。

A. 绝缘子伞裙破损 　　　　　　B. 绝缘子有放电痕迹

C. 绝缘子温度异常 　　　　　　D. 绝缘子严重污秽

2. 输电线路巡检作业人员应提前了解作业现场当天（　　），决定能否进行作业。

A. 海拔 　　　　　　　　　　B. 天气情况

C. 设备情况 　　　　　　　　D. 线路情况

3. 巡检应根据线路运行情况和检查要求，选择搭载相应的（　　），开展可见光、红外巡检作业。

A. 测量设备 　　　　　　　　B. 监控设备

C. 任务设备 　　　　　　　　D. 遥控设备

提高演练：

1. 简述输电线路可见光及红外巡检拍摄要求。

2. 输电线路通道巡检主要包括什么？

章前导读

● 导读

　　无人机三维扫描与检测技术作为新兴的输电线路交叉跨越距离精准检测、本体及通道三维模型构建的手段，已经被广泛应用，促进了输电线路运维模式由传统的依靠人力现场交叉跨越测量、手工绘制线路走向及平端面图纸的模式向数字化的方式转变。本章分别从定义、作业准备、作业方式、作业步骤和注意事项五个方面，分别详细介绍了无人机激光雷达扫描与三维可见光扫描的相关内容。

● 重难点

　　重点介绍了无人机激光雷达扫描、可见光三维扫描的作业准备，包括方案编制、资料搜集、技术准备、航线规划等；作业方式，包括所选用固定翼无人机扫描、多旋翼无人机扫描、手动飞行扫描和自主飞行扫描等；作业步骤，包括空域申报、航前检查、飞行采集、数据处理、航后检查和分析与应用；现场扫描作业需要注意的安全事项等。难点在作业准备和作业步骤，作业准备期间；作业步骤的难点是飞行采集和数据处理，飞行采集容易受现场环境、天气等影像，存在飞行不稳定等突发情况，数据处理需要先核对数据的有效性、精准性，然后再根据任务需求做好数据裁剪、分类、建模等的处理，数据量大、操作复杂。

重难点	类别	内容
重点	作业准备	（1）方案编制 （2）资料搜集 （3）技术准备 （4）航线规划等
	作业方式	（1）固定翼无人机扫描 （2）多旋翼无人机扫描 （3）手动飞行扫描 （4）自主飞行扫描

重难点	类别	内容
重点	作业步骤	（1）空域申报 （2）航前检查 （3）飞行采集 （4）数据处理 （5）航后检查 （6）分析与应用
	注意事项	现场作业需要注意的安全事项
难点	技术准备	要对任务要求、飞行目的等进行充分理解，并根据现场勘察做好技术准备和航线规划
	飞行采集	飞行采集容易受现场环境、天气等影像，存在飞行不稳定等突发情况
	数据处理	数据处理需要先核对数据的有效性、精准性，然后再根据任务需求做好数据裁剪、分类、建模等的处理

第4章 三维扫描与检测

三维扫描与检测主要以无人机搭载激光雷达、可见光相机（测绘专用）对目标设备进行扫描作业，采集输电线路设备及通道环境的激光点云、可见光照片，然后再应用相应的软件系统对数据进行处理，形成激光点云或实体化的三维模型，来开展输电线路交叉跨越、运行工况分析等，得出精准的交跨数据，再依据架空输电线路运行规程等行业标准、企业安全管理要求等开展隐患判别、管控等，以保障输电线路的安全运行，确保电网的安全运行。

4.1 激光雷达扫描

无人机激光雷达扫描技术作为一种新兴的空间信息采集技术，因其高效率、高精度、高保真等特性，被广泛应用到输电线路巡视、空间距离检测、工况分析及自主精细化巡检等领域。

4.1.1 定义

无人机激光扫描技术是近年来发展起来的一种新的空间信息采集技术，是以无人机为飞行平台，搭载激光雷达、数码相机及全球卫星导航系统（GNSS）和惯导（IMU）等设备，对目标进行扫描，获取海量点云数据，外观如图4-1所示。其中，激光雷达利用返回的脉冲获取探测目标高分辨率的距离、坡度、粗糙度和反射率等信息，数码相机可获取探测目标的数字成像信息，GNSS和IMU可以获取精准的三维空间坐标信息，最后经过综合处理而得到激光点云三维数据［包括数字地面模型（DSM）、数字高程模型（DEM）和正射影像（DOM）等］，实现现场环境的真实还原。无人机激光扫描技术不仅可以快速、大量地采集空间点位信息，具有快速性、不接触性、穿透性、实时性、动态性、主动性（不依赖可见光）、高密度、高精度、数字化、自动化等特性，还包括颜色（RGB）信息（通过集成的相机获得），同时还有物体的反射率信息。

图 4-1　无人机搭载激光雷达设备

无人机激光扫描因具有全天候作业、数据精度高、层次细节丰富等优点，而被大量应用于电力、水利、测绘、应急响应等行业。在电力行业中，利用无人机激光扫描技术对输电线路本体及环境扫描，可以获取输电线路铁塔、导地线、线路通道和周边环境的三维点云数据、正射影像数据，以便更加直观地考察到线路通道走廊内目标物的空间位置和轮廓，从而确定导地线和地面、建筑、植被等目标物之间的距离。在无人机激光点云模型中获取高精度的数据信息，结合影像文件可以对其进行三维动态模拟和分析，实现对输电线路巡检范围的全覆盖，包括属性状态、位置结构等，使巡检结果实现数字化、可追溯化和可分析化。

4.1.2　作业准备

输电线路大多分布在野外，运行环境差异较大，在进行无人机激光作业前，应做好以下准备工作。

1．方案编制

作业人员须根据任务要求、飞行目的、待扫描输电线路的情况等信息，编制作业方案。方案中须明确作业方式，选定无人机机型、激光雷达设备，确定作业人员及任务分工，分析作业存在的危险点和制定相应的防范措施。其中无人机应满足 T/CEC 826—2023《架空输电线路无人机激光扫描作业技术规程》。

2．资料收集

作业人员须根据任务要求、飞行目的，提前做好资料搜集工作，如待扫描线路台账、路径分布、线路走向、杆塔坐标、运行参数、地形地貌、气象条件、交叉跨越以及线路周边环境等资料。

3．技术准备

作业人员须根据作业任务、作业方式等情况，提前开展现场勘察，根据选定机型确定无人机起降点、地面 GNSS（全球导航卫星系统）接收机位置。勘查内容包括地形地貌、气象环境、空域条件、线路走向、通道长度、杆塔坐标、高度、塔型、交跨及其他危险点等进行现场复核。

4．航线规划

在采用自主飞行的作业方式开展无人机激光扫描时，应提前进行飞行作业的航线规划，航线规划应考虑无人机飞行高度、扫描覆盖宽度、点云密度及精度等综合因素，在能满足上述要求的前提下，优先选用最短航线。航线规划的方式包括地图选点规划、导入经纬度坐标规划、选择区域规划。其中，地图选点规划为在地面站地图中依次选择起飞点、途经点（多个）、降落点，然后分别给每个点设置飞行高度、航向、航速等信息，生成飞行航线；导入经纬度坐标规划即先收集待扫描线路杆塔经纬度坐标，筛选出所有的转角塔经纬度坐标和无人机起飞、降落点坐标，然后导入到地面站，对每个航点设置高度、航向、航速等信息，生成飞行航线；选择区域规划，即在地面站地图中框选需要扫描的作业区域，设置飞行高度、航速等参数，然后自动生成飞行航线。

4.1.3 作业方式

无人机激光扫描作业方式根据所选用机型分为固定翼无人机扫描作业和多旋翼无人机激光扫描作业，根据无人机飞行过程是否需要人工干预分为手动飞行作业和自主飞行作业。

1．固定翼无人机激光扫描作业

固定翼无人机激光扫描作业即采用固定翼搭载激光来雷达设备对目标区域开展扫描的作业。固定翼由于其飞行高度高、续航时间长等特点，适用于长距离、大范围的激光扫描作业，但作业人员需要根据作业任务、线路走向、现场环境等提前规划好任务航线，并在航线沿线间隔不超过 20km 的地点布设全球卫星导航系统（GNSS）地面基准站，以确保激光扫描作业精度。

2. 多旋翼无人机激光扫描作业

多旋翼无人机激光扫描作业即采用多旋翼无人机搭载激光雷达任务设备对目标区域开展扫描的作业。多旋翼无人机由于其运载便携、操控灵活等特点，是作业人员首选的激光扫描作业方式，适用于短距离、小范围的激光扫描作业。

3. 手动飞行作业

手动飞行作业即需要人工手动操控无人机输电线路进行激光扫描作业。整个起飞、扫描、降落的过程均需要人工手动干预遥控器，并通过地面站实时监控无人机飞行姿态、电池电量、第一视角及生成的激光点云预览。

手动飞行一般应用于采用多旋翼无人机搭载激光雷达设备开展扫描的作业，适用于交通相对便利、视野较为开阔的适飞区域。

4. 自主飞行作业

自主飞行作业即在无人工干预的情况下，无人机按照预设的任务航线自主起飞、扫描、降落，来完成无人机激光扫描的作业。但受当前无人机软硬件技术的限制，仍需要人工通过地面站对整个飞行扫描的过程进行实时监控，以防在飞行过程中出现异常时对无人机进行手动接管。

自主飞行一般应用于采用固定翼或多旋翼搭载激光雷达设备开展扫描的作业，适用于除信号切变区、禁飞区等非适飞区以外的区域。

4.1.4　作业步骤

无人机激光扫描的现场作业步骤包括空域申报、航前检查、飞行采集、数据处理、航后检查、分析与应用等。

1. 空域申报

无人机激光扫描作业前，应根据地方空域管理部门所批复的无人机飞行空域许可批复文件，在飞行前一天完成飞行空域申报，并在起飞前按当地航管部门要求进行空域飞行前的报备。

2. 航前检查

航前检查即根据作业任务、方案等对待扫描的输电线路、通道环境、天气、风速等信息进行再次核对，对无人机、激光雷达、电池、地面站、全球卫星导航系统（GNSS）地面基准站等再次检查、上电自检，确保现场各项条件满足规范、安全作业的要求。

3. 飞行采集

飞行采集一般分为航线采集和激光点云采集两个步骤。

（1）航线采集。航线采集为采用具有实时动态载波相位差分定位技术（RTK）高精定位无人机对目标区域的关键位置进行飞行打点，并记录飞行轨迹，生成飞行航线，传输至激光扫描的无人机来执行自主飞行扫描作业。航线采集的主要操作步骤如下：

1）检查飞行器状态，使用具有 RTK 高精定位无人机进行在线任务录制，完成航线采集，如图 4-2 所示。

图 4-2　先应用 RTK 高精定位无人机（如御 2 行业进阶版）进行点云航线大打点采集

2）开启网络 RTK 功能，并选择国家大地坐标系（CGCS2000），在起飞前确认飞行器已处于"RTK、FIX（固定定位）"状态，且听到"已连接 RTK，将记录飞行器的绝对高度"的语音提示，如图 4-3 所示。

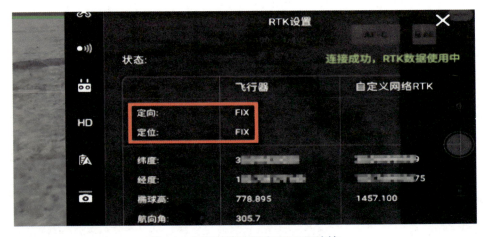

图 4-3　起飞前确认网络 RTK 已连接

3）杆塔正上方打点，在杆塔正上方合适高度处，按拍照键添加航点并拍摄照片。为保证塔身的完整性，建议航点距离塔顶高度为塔的宽度，一般为20～30m，可将M300下视避障调整为30m，如图4-4所示。

图 4-4　杆塔正上方打点

4）弧垂处打点，对于大档距（弧垂较大）、大高差（相邻杆塔海拔高差超过50m）的杆段，可在档内最大弧垂点正上方适当高度（20～30m）选择拍照按键，添加一个航点并记录照片，使该档点云采集质量更好，如图4-5所示。

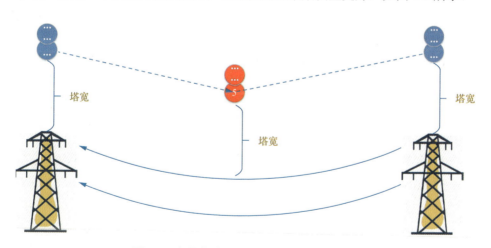

图 4-5　大落差档内的最大弧垂点增加记录点

5）首尾处增加航点，在作业点距首末端杆塔（远离作业区段方向）约50m水平距离处，线路正上方合适高度添加辅助航线，以确保首尾杆塔点云被充分采集且有足够的距离进行惯导标定（因惯导标定需要至少30m的空间距离，故首航点与第二个航点应至少留有30m的距离，尾航点同理），如图4-6所示。

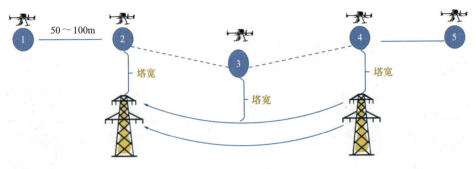

图4-6　生成激光扫描航线示意图

（2）激光点云采集。激光点云采集即采用手动飞行或自主飞行的方式，操控无人机激光雷达系统对目标区域进行飞行扫描，以获取激光点云数据。以M300无人机搭载L1激光雷达设备为例，主要作业步骤如下：

1）采用自主飞行方式时，应先将飞行航线（事先规划的或现场打点采集的）导入至无人机飞行平台。然后根据所选择机型、激光雷达设备的操作说明开展激光扫描作业。

a. 上传航线并编辑航线参数。

（a）上传航线。将使用具有RTK定位功能无人机采集的航线导入无人机遥控器。

（b）负载设置。

a）回波模式：双回波。双回波获取的实际点云数量最大，有利于减少多层输电线路点云漏采情况，提高地面点采集质量。

b）采样频率：240kHz。

c）扫描模式：非重复扫描。针对输电线而言，非重复扫描的FOV（虚拟视场角）更大，结果完整性更高。

d）真彩上色：打开。

e）高度模式：保持默认的海拔（EGM96）。

（c）航线（全局）设置。

a）速度：与点云密度成反比，综合考虑效率和效果，推荐设置在8m/s左右。

b）海拔：保持默认，不做修改。

c）飞行器偏航角：设置为"沿航线方向"。

d）航点间云台俯仰角控制模式：设置为"根据每个航点设置"。

e）航点类型：设置为"直线飞行，飞行器到点停"。

f）惯导标定：打开。

（d）航点设置。第一个航点：航点动作添加"开始等时间间隔拍照"，间隔设置为 2s"开始录制点云模型"；最后一个航点：航点动作添加"结束间隔拍照"，选择"结束录制点云模型"。

b. 采集点云。M300 搭载 L1 点云数据处理需要获取厘米级定位精度数据才能解算，可选择连接网络 RTK 并确保作业时 RTK 全程 FIX（固定定位），或采用全球卫星导航系统（GNSS）作业模式，架设 D-RTK2 基站并进行后处理。根据线路实际情况，对航线进行拆分，设置多个起降点。每个起降点依次对两侧各 5km 左右线路进行点云采集。实际长度根据地形、环境风速、返航障碍物及返航高度综合判断。起飞点选择宜遵循视野通透，信号遮挡较少的位置。

飞行器开机后原地静置预热惯导 3 ～ 5min，预热完成 APP 会弹窗及语音提示"惯导预热已完成"。确保 RTK 状态为 FIX（固定定位），RTK 选择的端口使用 WGS84（若使用自定义网络 RTK 还请查阅设置参数，优先选择 WGS84 的端口参数设置，若对成果坐标系有其他要求，可后续重建在大疆智图中转为 CGCS2000）。在空旷区域（约 30m 半径）开始上传航线正式点云采集。无人机搭载激光雷达（L1）扫描作业过程地面站显示如图 4-7 所示。

图 4-7 无人机搭载激光雷达（L1）扫描作业过程地面站显示图

2）手动飞行。

a. 开机预热。为保证数据采集的精度，L1 在起飞前需要开机静置预热惯导，预热时间 3 ～ 5min（实际预热时间与当前传感器温度和环境温度等因素有关），待听到预热完成的提示音后再开始任务。

b. 设置参数。在"MENU"处设置 L1 相关参数，手动飞行时推荐设置为"非重复扫描""双回波""240kHz"，开启"真彩上色"，自动拍照间隔设置为 3s。需确保网络 RTK 连接正常，或架设 RTK 基站。

真彩上色，即采集激光雷达点云数据时，可见光相机是否拍照。建议除夜间场景作业外，都打开真彩上色。

c. 手动惯导校准。

标定飞行：为保证惯导精度的一致性，在采集数据前、采集数据结束后、匀速飞行 100s 后均需要进行惯导校准。将飞行器飞至适当高度，切换至相机画面，点击"标定飞行"按钮，会显示出标定区域（长 30m 的一条航道），会进行"前—后—前—后—前—后"的标定飞行，最后停到起始点。请确保 30m 航道内没有障碍物，并打开避障系统。

务必记得在数据采集结束后，也要进行一次手动惯导校准，否则成果精度可能出现问题。L1 会自动记录点云录制后约 2min 的惯导数据，用于大疆智图后差分解算。

4. 数据处理

数据处理包括激光点云原始数据预处理、激光点云分类处理两个步骤。

（1）原始数据预处理。原始数据处理即对激光点云、正射影像原始数据文件进行检查和预处理。重点检查原始激光点云有无缺失、损坏，点云密度是否满足作业任务要求；正射影像数据有无缺损、遮挡等。数据预处理即利用激光点云三维建模软件将数据导入、解算、预览等，以大疆智图软件为例，具体操作如下：

1）数据导入：可直接导入包含多组数据的大文件夹，也可分别导入多组数据。点云密度选择：高（高、中、低分别对应 100%、25% 和 6.25% 的点云密度，只影响成果点的数量，不会对成果精度有太大影响）。

2）数据解算：采用 WGS84 坐标系，墨卡托投影分度带（UTMZONE）选择方法：北半球地区，选择最后字母为"N"的带；根据公式计算，带数 =（经度整数位 /6）的整数部分 +31。如广东地数为 49，则在大疆智图—输出坐

标系设置—选择已知坐标系—搜索"UTMzone49N",选择 EPSG 代号 32649
投影,如图 4-8 所示。

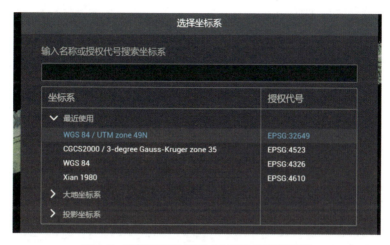

图 4-8 选择相应坐标系对点云数据进行结算

3)成果预览:对处理成果进行平移、缩放、旋转等操作,也可切换不同
的显示模式。大疆智图可以支持显示 RGB 真彩模型、反射率、高度、回波数
四种方式。也可通过点击右侧的图标,进行点云大小调整、2D/3D 显示、缩放
等调整,具体操作如图 4-9 所示。

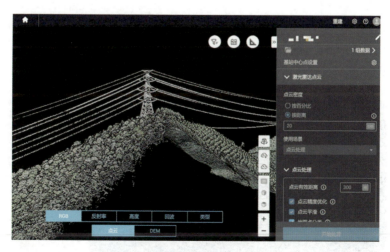

图 4-9 激光点云数据预处理预览

(2)激光点云分类处理。激光点云分类处理及对原始的激光点云数据按
照输电线路八大单元分别进行分割、裁剪、分类、赋色等处理,生成不同类

型、不同属性、不同颜色的激光点云数据，为后续的隐患分析、工况模拟、航线规划等多元化应用打下基础。

以大疆智图软件为例，对激光点云分类处理的主要操作步骤如下：

1）原始文件上传，原始文件下，右击，选择"上传并建索引"，选择数据，上传完成后，可在"索引 / 分割文件"下看到数据。

2）原始数据分隔，若原始单个数据量过大，可做此步。大约 1GB 可进行分块操作，分成大约 300MB 的小块数据，便于加载。选中所有原始数据，右击，选择"原始数据分块"即可。完成后，点击"刷新项目"，在"分割后文件"中可看到分割后数据。

3）数据文件裁剪，原始单个数据量不大，不用分块，杆塔坐标整理完后，全选"原始文件"中所有数据，右击，选择"数据文件裁剪"。等待完成后，点击"刷新项目"，在"裁剪后文件"中查看。经过分块的数据，全选"分割后文件"中的数据，右击，选择"数据文件裁剪"。等待完成后，点击"刷新项目"，在"裁剪后文件"中查看。

4）自动分类，全选"裁剪后文件"下的所有数据，右击选择"自动分类"。等待完成，"刷新项目"后在分类完成中查看。程序可自动分出地面、植被、导线、杆塔、地线、交跨线、建筑物等。可自己勾选需要的类别。打开"参数配置"—"分类参数"。

5）人工分类，加载数据，选中要交互的数据，不必全加载，右击，选择"打开文件"。等待加载完毕。

激光点云数据三维建模与人工分类处理后的效果如图 4-10 所示。

图 4-10　激光点云数据三维建模与人工分类处理后效果图

5．航后检查

航后检查即在无人机激光扫描作业结束后，对无人机、激光雷达、电池、地面站及地面基准站等设备进行外观和状态的检查，将动力电池取出，并对现场作业设备、工器具等清单进行核对、撤收，做到"工完料尽场地清"。

6．分析与应用

激光点云的分析与应用主要包括输电线路交跨隐患分析、潜在隐患分析、多元智能化应用等。

（1）交跨隐患分析，将激光点云数据导入输电线路全景智慧管控平台进行数据统一管理，并对输电线路导线对与通道内交跨物净空距离不足的隐患进行分析，结果见表 4-1。

表 4-1　　　　　　　　输电线路交叉跨越报告详情

序号	杆塔区间	距小号塔距离（m）	坐标点	交跨类型	垂直距离（m）	净空距离（m）	对地距离（m）
1	0041～0042 号	384.71		建筑物	46.37	46.66	54.73

（2）潜在隐患分析，将输电线路覆冰、高温、风偏等不同工况下导线弧垂的变化转化为智能识别算法，排查输电线路潜在的风险隐患，报告详情见表 4-2。

表 4-2　　　　　　　　输电线路大风公开安全距离检测报告详情

序号	杆塔区间	距小号塔距离（m）	坐标点	隐患类型	水平距离（m）	垂直距离（m）	净空距离（m）	对地距离（m）	等级
1	0033～0034 号	783.95		树木	2.55	3.23	4.11	25.04	一般

续表

序号	杆塔区间	距小号塔距离（m）	坐标点	隐患类型	水平距离（m）	垂直距离（m）	净空距离（m）	对地距离（m）	等级
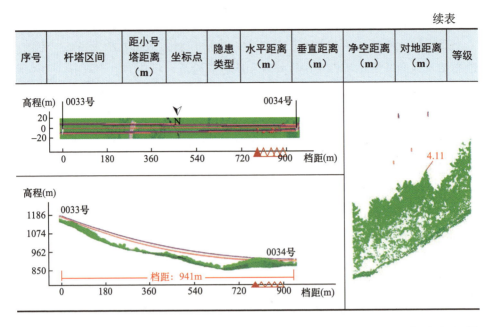									

（3）多元智能化应用，将输电线路激光点云数据应用于无人机自主巡检作业航线规划，如图 4-11 所示。

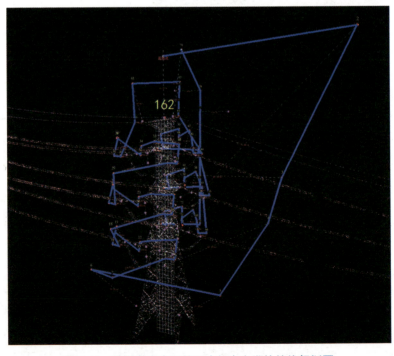

图 4-11　基于激光点云的无人机自主巡检航线规划图

4.1.5　注意事项

无人机激光扫描作业应注意以下事项:

（1）所选用的无人机机型应能满足保障安全、高效作业的需求,一般情况下,无人机的抗风能力不应低于 10m/s,宜具有 RTK 查分定位功能,可以在 −20 ～ +50℃条件下正常飞行。

（2）所采用的激光雷达设备有效测距应与被扫描的输电线路高度相匹配,点云采集密度应与作业任务要求相匹配,数据存储空间满足连续工作 1h 的需求。

（3）GNSS 地面基准站应选择高精度实时静态双频设备,沿线布设的距离不超过 20km。

（4）无人机激光扫描作业人员应熟练掌握输电线路激光扫描作业流程及原理,掌握安全生产相关知识,了解航空、气象、地理等必要知识,并正确使用安全工器具和劳动防护用品,保持联络畅通,遵守安全规定,严禁违规操作。无人机操控人员应符合国家民航管理部门对无人机驾驶员作业资质的要求,持相关部门认可的驾驶员资质证照,飞行经验 100h 以上。

（5）现场气候条件应符合无人机安全作业的条件,如遇大雨、大风、冰雹等恶劣天气或出现强电磁干扰等情况时,不宜开展作业。雪天或地面有积雪不宜开展作业。

（6）无人机激光扫描作业前,应预先设置突发和紧急情况下的安全策略。无人机起飞和降落时,作业现场应疏散周围人群,做好安全隔离措施。

（7）无人机激光扫描作业过程中,无人机与线路本体应保持一定的安全距离,安全作业距离宜符合 DL/T 1482—2015《架空输电线路无人机巡检作业技术导则》的规定。

（8）无人机激光扫描作业航带宽度、点云精度应满足最终成果制作的要求,其中导、地线部分不允许连续 10m 以上缺少点云;杆塔、绝缘子、导地线及挂点、塔基轮廓应完整、清晰,不应缺少。

4.2　可见光三维扫描

无人机可见光扫三维扫描是国内测绘遥感领域近年发展起来的一项高新技

术，与倾斜摄影技术相比，在精度和呈现效果上略优于倾斜摄影技术形成模型；与激光三维扫描技术相比，在精度上劣于激光三维扫描形成的模型，但较激光点云三维模型多了实物外表的纹理，呈现的视觉效果更佳。本章从无人机可见光三维扫描的定义、作业准备、作业方式、作业步骤和注意事项等方面进行了深入阐述，供运维人员参考。

4.2.1 定义

无人机可见光三维扫描技术是一种利用无人机搭载的可见光传感器对地面或其他目标，同时从前（上）、后（下）、左、右及垂直（正视）等多个角度采集影像，从而快速、高效获取目标区域的测量数据和客观丰富的地面数据信息，再通过相应软件分析处理所获取的影像资料，最后构建出区域内高分辨率的三维模型。该技术已在测绘、能源行业领域广泛应用。图 4-12 为无人机搭载定焦相机（测绘专用）法，图 4-13 为无人机搭载"五目相机"法。

图 4-12　无人机搭载定焦相机（测绘专用）法　　图 4-13　无人机搭载"五目相机"法

可见光三维扫描技术有以下特点：

（1）能够反映地物周边真实情况。相对于正射影像，多角度采集的影像能让用户从多个角度观察地物，更加真实地反映地物的实际情况，极大地弥补了基于正射影像应用的不足。

（2）可实现扫描区域三维空间量测。通过配套软件的应用，可直接基于成果影像进行包括高度、长度、面积、角度、坡度等的量测，扩展了三维实景扫描技术在行业中的应用。

（3）可采集地面构筑物侧面纹理。针对各种三维实景建设应用，利用航空摄影大规模成图的特点，加上从倾斜角度采集影像批量提取及贴纹理的方式，能够有效地降低地物三维建模成本。

（4）数据量小易于网络发布。相较于三维 GIS 技术应用庞大的三维数据，应用实景三维扫描技术获取的影像的数据量要小得多，其影像的数据格式可采用成熟的技术快速进行网络发布，实现共享应用。

可见光三维扫描技术在应用时还是存在一些问题，如：

（1）数据影像匹配时，因实景三维扫描的摄影比例尺不一致、分辨率差异、地物遮挡等因素导致获取的数据中含有较多的粗差，严重影响后续影像的空三精度。

（2）实景三维扫描所形成的三维模型在表达整体的同时，某些地方存在模型缺失或失真等问题。

（3）无人机作为飞行载体，虽然增加了便携性和灵活性，但因无人机的续航能力不强、高质量影像需要超低空贴近式的飞行，导致其推广的条件收到一定的限制，亟须研制大画幅、长焦距的测绘相机和长航时、小体积的无人机。

4.2.2 作业准备

输电线路大多分布在野外，运行环境差异较大，在进行无人机可见光三维扫描作业前，应做好以下准备工作。

1. 方案编制

作业人员须根据任务要求、飞行目的、待扫描输电线路的情况等信息，必要时进行现场踏勘，编制作业方案。方案中须明确作业方式，选定无人机机型、可见光相机设备（选用单相机作业时，宜选择长焦距的全画幅相机；选择"五目相机"时，宜根据作业范围、飞行高度、数据要求等对相机的有效像素等进行确认），确定作业人员及任务分工，分析作业存在的危险点和制定相应的防范措施。其中无人机、可见光相机应符合 DL/T 2434—2021《输变电工程无人机倾斜摄影测量技术规程》规定的要求。

2. 资料收集与分析

作业人员须根据任务要求、飞行目的，提前做好资料搜集工作，如：待扫描线路台账、路径分布、线路走向、杆塔坐标、运行参数、地形地貌、气象条件、交叉跨越以及线路周边路网分部等环境等资料。综合作业任务、设备选型及搜集的信息，初步确定无人机的起降场地范围和行车路线；根据成果要求精度水平和相机主距、像元大小等参数，计算扫描飞行高度；同时，重点关注扫描范围内是否有高的交跨线路、附近是否有高层建筑物或其他铁塔等可能增加扫描飞行难度的因素，以及拟定航高是否符合安全作业要求。

4.2.3 作业方式

无人机可见光扫描作业方式根据所选用机型分为固定翼无人机扫描作业和多旋翼无人机扫描作业，宜采用自主飞行的模式开展扫描作业。

1. 固定翼无人机可见光扫描作业

固定翼无人机可见光三维扫描作业即采用固定翼搭载五目相机对目标区域开展扫描的作业。固定翼由于其飞行高度高、续航时间长等特点，适用于长距离、大范围且对模型精细度相对不高的可见光三维扫描作业，但作业人员需要根据作业任务、线路走向、现场环境等提前规划好任务航线，且固定翼无人机的机载定位精度需能满足建模精度的需求。

2. 多旋翼无人机可见光扫描作业

多旋翼无人机可见光扫描作业即采用多旋翼无人机搭载激光雷达任务设备对目标区域开展扫描的作业。多旋翼无人机由于其运载便携、操控灵活等特点，是作业人员首选的激光扫描作业方式，适用于短距离、小范围的激光扫描作业。

3. 自主飞行作业

自主飞行作业即在无人工干预的情况下，无人机按照预设的任务航线自主起飞、拍摄、降落，来完成无人机可见光扫描的作业。但受当前无人机软硬件技术的限制，仍需要人工通过地面站对整个飞行扫描的过程进行实时监控，以防在飞行过程中出现异常时对无人机进行手动接管。自主飞行作业的模式适用于固定翼、多旋翼等各种机型，但在信号切变区、禁飞区等非适飞区无法使用。

4.2.4 作业步骤

无人机可见光三维扫描的作业步骤包括空域申报、航前检查、像控点布设、飞行采集、航后检查、实景三维建模、补充采集、数据应用等。

1. 空域申报

无人机激光扫描作业前，应根据地方空域管理部门所批复的无人机飞行空域许可批复文件，在飞行前一天完成飞行空域申报，并在起飞前按当地航管部门要求进行空域飞行前的报备。

2. 航前检查

航前检查即根据作业任务、方案等对待扫描的输电线路、通道环境、天气、风速等信息进行再次核对，对无人机、可见光相机、电池、地面站等再次检查、上电自检，确保现场各项条件满足规范、安全作业的要求。其中，扫描过程中既要避免积雪扬沙、大风等对建模的不利影响，又要避免光照过强、阴影过大等对影像质量的影响。

3. 像控点布设

像控点的布设策略应综合所选择的无人机装备、建模精度、是否有定位定向系统（POS）数据辅助、像幅大小等因素。目前，现场多采用区域网布点的像控点布设法，即测区四周布设平高点，内部布设一定数量的平高点或高程点。根据经验估计，对于一般地形区域，采用间隔10000个像素布设一个平高点的方法进行加密。

根据拟定的像控点布设方法，并结合已有资料，在影像图上大致确定像控点的预设范围。关于像控点的位置选取，在预设范围内尽量选择平整地面明显标志点，如斑马线角点、检修井中心点等地面点点位。当预设范围内不易寻找标志明显的特征点时，可使用油漆在地面绘制人工标记或使用像控纸作为像控点。图 4-14 和图 4-15 为典型像控点选点示意图。

图 4-14 采用喷涂标志作为像控点

图 4-15 采用标靶板作为像控点

4. 飞行采集

可见光扫描作业飞行前，应先规划飞行航线。飞行航线可通过人工手动打点、地面站自动生成等方式，航线规划时，为保障模型精度，应结合无人机机型、现场地形等合理设定扫描飞行的高度和速度，确保航拍照片的重叠率满足：地形平缓区域航向不低于 70%、旁向不低于 60% 的标准，起伏较大区域航向和旁向的重叠率不低于 80%。

（1）人工手动打点。人工手动打点即采用具有 RTK 高精定位无人机对目标区域的关键位置进行飞行打点，并记录飞行轨迹，生成飞行航线，并上传至可见光三维扫描无人机，来执行自主飞行扫描作业。

（2）地面站自动生成。地面站自动生成方式即在地面站的"创建航线"页面，在地图上通过点击和拖动边界点调整待扫描作业的范围生成扫描区域，再选择相应的任务设备、飞行高度、航向和旁向重叠率即飞行速度等参数，一键生成自主扫描作业的航线。无人机地面"创建航线"及扫描区域编辑如图 4-16 所示，自主飞行航线航向参数设置及航线的自动生成如图 4-17 所示。

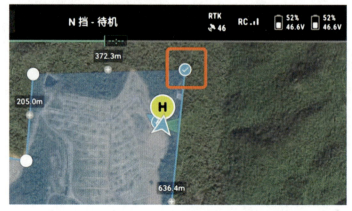

图 4-16　无人机地面"创建航线"及扫描区域编辑

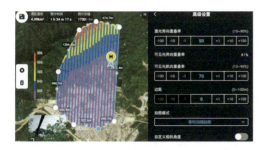

图 4-17　自主飞行航线航向参数设置及航线的自动生成

5．航后检查

航后检查即在无人机可见光三维扫描作业结束后，对无人机、可见光相机、电池、地面站及地面基准站等设备进行外观和状态的检查，将动力电池取出，并对现场作业设备、工器具等清单进行核对、撤收，做到"工完料尽场地清"。

6．实景三维建模

实景三维建模过程包括数据准备、空三加密、建模输出三个环节。

（1）数据准备主要是整理航飞影像数据、相机文件、POS 数据以及像控点数据，使其满足软件平台的要求。将整理后的数据载入实景三维建模软件，常用的三维建模软件有 ContextCapture、Photomesh、PhotoScan、Altizure、Pix4DMapper 等。

（2）空三加密是实景三维建模的核心环节之一，为提高成果的位置精度水平，需要将外业采集像控点数据刺点至对应的相片，要求各个视角均选刺一定数量的相片。刺点完成后，运行空三加密，软件自动进行多视角影像密集匹配、区域网平差，确定相片之间的位置对应关系。空三完成后，可在软件平台查看空三点的密度图。

（3）基于原始影像数据和空三成果，经三维 TIN 构建、自动纹理映射等流程，生产制作实景三维模型及其派生数据，包括正射影像、数字表面模型、点云等数据。其中实景三维模型和其对应的正射影像将作为大比例尺地形图测绘的数据源。

7．补充采集

实景三维建模完成后，需要对生成的模型进行核查、纠错和定性，对于部分模型变形、模糊、缺失的，需要进行补充采集，并再进行重新建模、模型替换等。

8．数据应用

实景三维模型数据的应用主要包括输电线路交跨隐患分析、沉浸式三维可视化展示等。

（1）交跨隐患分析，将实景三维模型数据导入相应的平台或者软件，对输电线路导线与通道内交跨物净空距离不足的隐患进行分析，结果见表4-3。

表 4-3 　　　　　　　　　　输电线路交叉跨越报告详情

序号	杆塔区间	距小号塔距离（m）	经纬度	缺陷类型	缺陷级别	实测距离（m）		
						水平	垂直	净空
35	211-212-右相	140.363	1××.0×××××0, 3××.0×××××0	树障	关注点	5.419	5.571	7.772

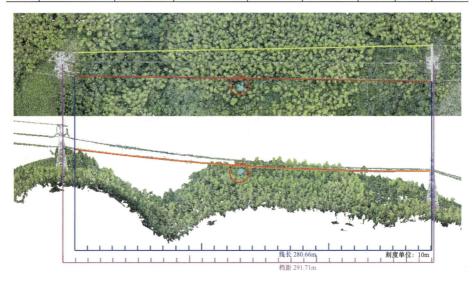

（2）沉浸式三维可视化展示如图 4-18 所示。

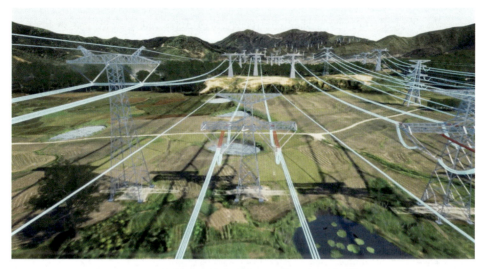

图 4-18　超特高压输电线路沉浸式三维可视化展示

4.2.5　注意事项

无人机可见光扫描作业应注意以下事项：

（1）所选用的无人机机型应能满足保障安全、高效作业的需求，一般情况下，无人机的抗风能力不应低于 10m/s，可以在 −20 ～ +50℃条件下正常飞行。

（2）所选用的多旋翼无人机巡航速度应大于 6m/s，固定翼无人机巡航速度应大于 10m/s。

（3）所选用的无人机 GNSS 数据输出频率不应小于 4Hz，支持双天线 GNSS 导航和自动修正角功能，支持数据存储功能的查分定位或精密单点定位来解算实际曝光点坐标。

（4）所选用的无人机 IMU 的侧滚角和俯仰角测角精度不应大于 0.01°，偏航角测角精度不应大于 0.02°。

（5）所选用的可见光扫描相机镜头应为定焦镜头，且对焦无限远；镜头与相机机身、相机机身与成像探测器稳固连接，"多目相机"各镜头之间的相对位置和姿态关系刚性稳定。

（6）所选用的可见光扫描相机，单个镜头成像不应低于 2000 万像素，可获取天然真彩色的倾斜影像和垂直影像，天然真彩色波段的光谱响应范围应覆盖 400 ～ 700nm；最高快门速度不应低于 1/1000s；摄影快门速度应能保证像移小于摄影地面分辨率 1/3 或具备悬停曝光功能。

（7）所选用的可见光扫描相机电池可持续工作时间不应低于无人机续航时间。

（8）作业人员应熟练掌握输电线路可见光三维扫描作业流程及原理，掌握安全生产相关知识，了解航空、气象、地理等必要知识，并正确使用安全工器具和劳动防护用品，保持联络畅通，遵守安全规定，严禁违规操作。无人机操控人员应符合国家民航管理部门对无人机驾驶员作业资质的要求，持相关部门认可的驾驶员资质证照，飞行经验 100h 以上。

（9）现场气候条件应符合无人机安全作业的条件，如遇大雨、大风、冰雹等恶劣天气或出现强电磁干扰等情况时，不宜开展作业。雪天或地面有积雪不宜开展作业。

（10）无人机可见光三维扫描作业前，应预先设置突发和紧急情况下的安全策略。无人机起飞和降落时，作业现场应疏散周围人群，做好安全隔离措施。

（11）无人机可见光三维扫描作业过程中，无人机与线路本体应保持一定的安全距离，安全作业距离宜符合 DL/T 1482—2015《架空输电线路无人机巡检作业技术导则》的规定。

（12）无人机可见光三维扫描作业航带宽度应满足最终成果制作的要求。

章后导练

基础演练：

1. 无人机激光雷达扫描的现场作业步骤包括哪些？

2. 无人机可见光三维扫描的作业步骤包括哪些？

提高演练：

无人机激光扫描注意事项包括哪些？

章前导读

● 导读

随着社会经济发展，电网规模也在不断地增长之中，电网规模不断扩大，用户对电力质量要求越来越高，为保证供电稳定和安全，提高输电线路设备巡检质量，无人机巡检作为一种新型智能的巡检方式，已成为电网的巡检利器。但是随着长期的运维实践，现有的无人机巡检手段已不能满足输电线路巡检需求，需进一步拓展输电无人机应用场景。

本章节内容主要介绍除输电领域常规巡检应用以外的无人机特殊作业场景，选取绝缘子憎水性检测、喷火除异物、应急系留照明、X光检测、多光谱遥感、紫外检测、辅助运输等输电领域无人机特殊应用场景，充分阐述特殊场景下无人机作业的详细流程以及必要的安全域控措施，相较传统作业方式，通过无人机搭载各类专业负载设备，结合图像识别、图像处理等软件分析技术，可更加高效、精准、有针对性地协助人工完成输电领域各项作业，提高工作质效，降低人员安全风险。

● 重难点

重点是根据不同任务种类合理选取不同机型及任务载荷，选取机型时需考虑机型负载重量、机型体积、载荷种类。

难点是章节所述任务，其设备组成、操作流程及安全管控措施均有细节差异，需分别掌握。

重难点	包含内容	具体内容
重点	机型选择	（1）机型负载重量 （2）机型体积 （3）载荷种类
难点	设备组成	要对任务要求、飞行目的等进行充分理解，明确每种任务操作时需用到的关键设备
	作业流程	需针对不同任务的特点，根据现场勘察做好技术准备
	作业风险及管控措施	根据作业步骤，辨别作业危害因素、类别，列明并执行作业管控措施，规避作业风险

第5章 特 殊 作 业

无人机特殊作业，即应用多旋翼无人机为平台，搭载喷水、喷火、照明、X光检测、多光谱遥感、紫外检测、辅助运输等设备，对超特高压输电线路开展检测和辅助施工等特殊作业方式，可大幅提高作业效率、降低人员登塔作业的危险性。本章重点对巡检中常用的多旋翼机型，以 MATRICE 300 RTK 飞行平台搭载为例展开介绍。

5.1 多旋翼无人机绝缘子憎水性检测

多旋翼无人机绝缘子憎水性检测是应用多旋翼无人机挂载喷水装置对架空输电线路复合绝缘子串憎水性程度进行检测。在无人机性能及作业技术不断提升的情况下，对无人机加装憎水性检测载荷进行复合绝缘子串的憎水实验，提升憎水实验效率。多旋翼无人机绝缘子憎水性检测如图5-1所示。

图5-1 无人机绝缘子憎水性检测

5.1.1 设备组成

多旋翼无人机绝缘子憎水性检测作业的主要设备包括：多旋翼无人机、遥控系统及图像传输系统、高压隔膜泵、水箱、喷头等。

5.1.2 作业准备

（1）飞行计划：确定作业区域、飞行高度、飞行时间及飞行任务。

（2）工器具准备：作业人员需在出发前准备好相应的设备、工器具等（包括无人机相关设备、任务载荷相关设备、组装所需工器具、蒸馏水等）。

（3）确定作业区域：做好作业区域飞行前现场勘查工作，确认飞行天气条件，确保飞行安全。

（4）飞行许可：确保飞行活动已获得管理部门飞行许可，执飞人员需取得民航局无人机操控员执照。

（5）安全检查：包括检查飞机结构、螺旋桨、传感器、电池和连接器等部件是否完好。

（6）飞行环境检查：在飞行区域附近寻找任何可能干扰飞行或危害飞机的潜在危险。

（7）设置隔离区：在飞行区域设置隔离警戒区，防止其他人员进行区域发生安全隐患。

作业准备过程检查明细见表 5-1。

表 5-1 作业准备过程检查明细

类别	检查项目	检查要求
作业环境	飞行空域	确认空域已获批且飞行计划已经正常报备，作业符合相关法规要求，气象条件满足安全飞行
	地面地形	起降场地相对平坦，无明显凸起的岩石块、土坎、树桩、水塘、大沟渠等
	空中环境	视野良好，无影响图像传输信号传输等作业隐患因素
设备外观	遥控器	外观检查无异常、天线已正常展开，摇杆转动灵活
	无人机机身	外观无破损，无影响作业隐患
	脚架	外观无破损，各连接点牢固
	电机	外观无破损，转动灵活
	螺旋桨	外观无破损，安装牢固，桨叶无变形

续表

类别	检查项目	检查要求
设备外观	云台	外观无破损，各连接点牢固
	动力电池	外观无破损，无明显鼓包，以正确安装
	喷水装置	外观无破损，各连接点牢固
设备通电	遥控器电池电量	电量充足，满足作业需求
	无人机电池电量	电量充足，电池温度满足作业需求
	喷水装置电池电量	电量充足，电池温度满足作业需求
	飞行模式	飞行模式为 GPS 模式，图像传输显示已刷新返航点
	指南针、IMU	指南针、IMU 正常，是否需校核
	操控遥杆模式	摇杆模式与作业人员操控模式一致
	内存卡	内存卡容量充足，可正常拍摄、存储
	无人机与喷水装置连接状态	无人机与喷水装置正确连接
	喷水情况	水量充足，地面试喷情况无异常，无漏液，频率可正常调节

5.1.3 作业过程

1. 设备组装调试

作业人员到达作业场地后，选择地面平稳的位置组装无人机各部件，并将喷水装置正确牢靠固定在多旋翼无人机上。按照无人机操作流程依次进行设备上电，确保无人机设备状态良好，满足作业要求。加注蒸馏水后操作人员选择安全区域依次进行地面试喷、低空悬停试喷，确保载荷设备状态良好，满足作业要求。测试完毕后补充蒸馏水。

2. 进入作业区

观测人员就位，作业人员操控无人机起飞后进入作业区域，飞行过程中观测员应时刻注意无人机设备与绝缘子串及其他电力设备和障碍物保持安全距离。

3. 无人机憎水性作业

作业人员操控无人机使喷头对准目标绝缘子串，调整最佳喷水频率后，按下喷水键开展憎水性试验，并对检测结果进行拍摄，实验结束后及时关闭喷水开关，避免水泵因空转而烧毁。

4. 退出作业区

作业人员操控无人机退出作业区域，飞行过程中观测员应时刻注意无人机设备与障碍物保持安全距离，待降落环境满足要求后指挥作业人员操控无人机安全降落至起降点。

5. 工作结束

按照无人机操作程序，对结束作业的无人机进行航后检查、拆解、装箱，拆除喷水载荷装置，放空载荷内部残余液体并将外部液体擦拭干净，作业设备装箱入库。无人机憎水性检测流程图如图 5-2 所示。

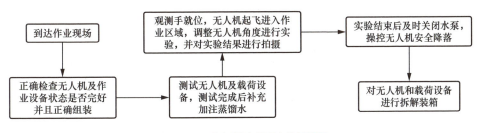

图 5-2　无人机憎水性检测流程图

5.1.4　作业风险及管控措施

根据作业步骤，辨别作业危害因素、类别，列明并执行作业管控措施，规避作业风险。多旋翼无人机绝缘子憎水性检测作业风险及管控措施见表 5-2。

表 5-2　　　多旋翼无人机绝缘子憎水性检测作业风险及管控措施

作业风险	管控措施
运输风险	现场执行措施：①搬运工器具使用专用工具箱或工具袋；②无人机在运输过程中摆放恰当，稳固；③运输到达起降点后，对设备外观认真进行检查
作业区域选择	现场执行措施：①起降场地相对平坦，无明显凸起的岩石块、土坎、树桩、水塘、大沟渠等；②视野良好，无影响图像传输传输等作业隐患因素
现场准备	现场执行措施：①现场配备足够的安全防护用品；②飞行作业前严格按照作业指导书流程做好出发前准备工作，如备齐防护用品、技术资料、物资材料等，由现场负责人与飞手检查复核并签字确认
飞前检查	现场执行措施：①遥控器外观检查无异常、天线已正常展开，摇杆转动灵活、遥控器与平板已通过数据线正确连接；②喷水装置、无人机机身、脚架、桨叶、云台、动力电池外观检查无异常，电机转动灵活，各连接点连接牢固；③检查飞行器状态列表，遥控器电量、无人机电量充足，飞行模式为 GPS 模式，指南针、IMU 正常，摇杆模式与作业人员操控模式一致，内存卡容量充足，拍照测试正常可用；④检查无人机与喷水装置连接状态，在地面进行试喷，确保作业无异常
操控人员	管理措施：操控人员需持民用无人驾驶航空器操控员执照

续表

作业风险	管控措施
作业现场风险	现场执行措施：①飞行中遇到 4 级风（5.5～7.9m/s）、暴雨、大雾、雷电天气时禁止继续作业，必须立即返航；②飞行作业过程，时刻关注图像传输信号，确保图像回传流畅、不卡顿；③飞行作业过程，无人机与杆塔部件时刻保持作业安全距离；④飞行作业过程，观察员配合飞手密切留意周围线路情况，并给予及时提醒
作业过程	现场执行措施：①无人机操控员飞行过程应时刻保持无人机与绝缘子串的安全距离；②操控无人机使喷头对准绝缘子串，调整最佳喷水频率，并对检测结果进行拍摄
作业结束回收	现场执行措施：拆除作业设备，规范装入专用工具箱，确保现场无遗留物

5.2 多旋翼无人机喷火除异物

输电线路的安全是整个电网系统平稳运行的重要保障，高空条件下电网的建设和维护的工作也越来越多。电力输电线路长期在自然环境中运行，容易缠挂异物，如风吹刮等原因将类似农用大棚塑料、遮阳网、编织带、广告用的广告布、风筝及风筝拉绳等异物缠绕在电力输电线路上，这些异物雨淋或受潮后，绝缘性能差，容易造成输电线路跳闸、短路等事故发生，严重影响电网供电安全。因此，为保证输电线路的运行安全，必须及时清理线路上的飘挂物。

喷火无人机的应用是对可燃性飘挂物清除方式的革新，作业人员在地面上远程操控喷火无人机即可轻松完成清障作业，这种方式既可保障工作人员的生命安全，又为节省大量的人力物力。

5.2.1 设备组成

喷火无人机系统主要由无人机、喷火吊舱、遥控系统、图像传输系统等部分组成。

1. 无人机

喷火除异物过程需要悬停作业，因此选用多旋翼无人机作为载机，搭载喷火吊舱进行作业。一般选用商品多旋翼无人机（M300RKT、M600 等）或自组无人机（六轴、八轴等），商品无人机载机外观如图 5-3 所示，自组无人机外观如图 5-4 所示。

多旋翼无人机运动灵活，可通过控制螺旋桨的转速进行上下、前后、左右、偏航等运动，可进行垂直起降和定点悬停，对起降场地条件要求不高，具有较强的适应能力。此外，多旋翼无人机还具有操控便捷、维护简单等优点。与四旋翼无人机相比，六旋翼无人机多出了 2 个冗余旋翼，提高了运动的稳定性，在受到外力干扰或部分旋翼受损时，仍能进行迫降。

图 5-3　商品无人机载机

图 5-4　自组无人机载机

2. 喷火吊舱

喷火吊舱主要由燃料存储罐、泵体、管路、阀体、喷管、喷嘴、点火装置等部分组成，如图 5-5 所示。燃料存储罐用于盛放燃料，一般采用耐油性材料制造，与气态燃料相比，使用煤油、汽油、酒精等液态燃料可以增加火焰的喷射距离，使无人机作业时能够与输电线路保持足够的安全距离，且液态燃料形成的火焰更为集中，可以有效减少异物清除时间，需根据具体作业环境选择燃料种类。液体燃料被油泵加压后经过管路、阀体、喷管，最后由喷嘴处高速喷出形成喷射油柱，油柱在出口处被点火装置形成的高压电弧引燃，最终形成喷射的火焰。

图 5-5　油泵驱动的喷火吊舱

　　市面上还有部分采用压缩气体作为喷射动力的喷火吊舱，这种吊舱使用金属或复合材料作为燃料存储罐，罐内充满高压气体，采用一次性二氧化碳小气瓶补充压力，通过电磁阀控制燃料喷射，如图 5-6 所示。由于舍弃了油泵，因此这种喷火吊舱整体重量更轻，对无人机的载重性能要求更低。

图 5-6　压缩气体驱动的喷火吊舱

　　部分喷火吊舱采用矢量喷头（如图 5-7 所示），当无人机悬停时能够单独操控喷嘴进行上下左右摆动，以此来控制火焰喷射方向，提高了清障的灵活性及成功率。

图 5-7　矢量喷头

3．遥控系统及图像传输系统

地面工作人员利用无线电遥控设备（如图 5-8 所示）与喷火吊舱进行通信，控制点火装置进行高压放电点燃燃料，同时还可以通过汽油泵和电磁阀来控制喷油量和喷火时间。使用商品无人机作为喷火吊舱载机时，一般使用原配遥控器通过 APP 或悬浮窗口直接控制吊舱；使用自主无人机作为喷火吊舱载机时一般通过独立的遥控设备控制吊舱。

图 5-8　无线遥控设备

作业过程中，图像传输系统向地面作业人员传回无人机第一视角画面作为参考，供作业人员操作无人机及吊舱。商品无人机一般自带图像传系统，自主无人机一般需要增加独立显示设备。图像传输显示设备如图 5-9 所示。

图 5-9　图像传输显示设备

5.2.2　作业准备

1. 无人机选择

开展喷火除异物作业，应选择与吊舱匹配的无人机型号。根据吊舱重量、安装接口、供电电压、通信协议、续航时间等参数选择合适该款喷火吊舱的无人机。

2. 作业人员

作业人员应至少包含 1 名无人机操控员和 1 名安全监管员。无人机操控员应熟悉多旋翼无人机驾驶方法和巡检方法，通过多旋翼无人机理论和实操培训及考核，具备多旋翼无人机操控资质。无人机操控员负责操作无人机开展巡检作业，需熟悉无人机飞行原理、了解作业无人机的操作方式及作业流程，能够熟练地操作无人机完成巡检任务。安全监管员负责对整个作业过程进行安全监管，需要具备良好的空中观察能力和快速的反应能力，能及时发现周边环境及作业过程中可能出现的安全隐患，同时也可作为喷火吊舱控制人员。作业人员应身体健康，精神状态良好，作业前 8h 及作业过程严禁饮用任何酒精类饮品。

3. 作业环境

作业前应了解作业地点的气象情况，遇雾、雪、大雨、大风、冰雹等恶劣天气不满足多旋翼无人机安全作业要求时，不可开展无人机紫外巡检，已开展的应及时终止。确保气象条件应满无人机飞行。

作业现场应远离爆破、射击、烟雾、火焰、机场、人群密集、高大建筑、军事管辖、无线电干扰等可能影响多旋翼无人机飞行安全的区域。同时应尽量减少或避开电磁干扰、电焊加工厂、明火加工区、太阳直射等干扰源对紫外设备测量的影响。

巡检区域处于狭长地带或大档距、大落差、微气象等特殊区域时，作业人员应根据多旋翼无人机性能和作业环境判断开展作业。

4. 现场查勘

喷火除异物作业前应对作业区域进行查勘，宜采用小型无人机飞行至异物悬挂点，对悬挂目标大小、材质、缠绕方式等进行判断，同时对周边空域环境、与带电设备安全距离、威胁飞行安全的隐患点、燃烧物坠落点等信息进行采集，确保所有条件均能满足动火作业要求方能开始工作。

5．起降点选择

喷火除异物作业的起降点应寻找相对开阔、周边无易燃易爆物的区域，条件允许的情况下尽量选择距悬挂物掉落点 20 ~ 50m 的位置，以保证作业过程在目视范围内，降低作业风险；同时便于对掉落地面的燃烧物进行处理。

6．吊舱安装

展开无人机及喷火吊舱，首先进行外观检查，检查无误后喷火吊舱通电，测试吊舱功能是否正常；检查无误后将吊舱放至空旷地面，无人机操控员释放自身静电后开始添加燃料，安全监管员持灭火器在旁进行安全监督。

燃料注入完毕后无人机操控员将喷火吊舱安装至无人机，安全监管员对安装结果进行复查，确保安装到位、连接牢固。

5.2.3　作业过程

使用喷火无人机进行异物清除作业时，一般需要 2 人配合协同作业，其中一人控制无人机飞行，另一人控制喷火吊舱作业。作业现场如图 5-10 所示。

（1）控制无人机平稳起飞至 5 ~ 10m 高度，再次确认开启增稳模式及卫星数量是否达标，并小舵量操作遥控器检查无人机对应舵面动作响应正常、各项状态正常。

（2）采用 GPS 飞行模式控制无人机按预定路径缓慢靠近异物悬挂点，因搭载喷火吊舱后无人机整体重量较大，建议飞行速度不大于 5m/s。

（3）在接近异物悬挂点 20m 左右时进一步降低飞行速度，采用小舵量缓慢靠近异物悬挂点，同时根据回传画面逐步调整无人机高度。

（4）无人机操作手作业过程中，吊舱控制手应目视观察无人机及周边环境做好辅助安全员角色。

（5）待无人机定点悬停在待清理的异物附近后，通过机载相机回传画面配合肉眼观察控制无人机进行微调，使喷枪对准异物的重力支撑部分或是缠绕输电线路的部分，喷嘴距离悬挂异物 3 ~ 5m 距离为宜。

（6）吊舱控制人员控制喷油并点火，若能命中则按照正常作业方式进行间隙点火，直至漂浮物焚烧清除或掉落；若不能命中，则根据实际情况调整飞机位置，进行二次试点火，直至能正常完成作业；待异物熔化掉落或是燃烧殆尽后控制无人机返航。

（7）清除导线上的悬挂物时，无人机喷嘴方向尽量与导线方向保持垂直，以此保证无人机机身距离导线有足够的安全距离；当有风天气作业时，应尽量顺风操作，避免逆风时火焰喷射距离缩短，同时有火焰回飘损坏无人机及喷火吊舱的风险。

（8）当作业环境复杂、周边障碍物较多时，可以操作另一架小型无人机悬停在作业点周边并调整好角度，利用该无人机的图像传输画面作为第三观察视角，以此判断喷火无人机的相对位置，保证作业安全。

（9）当喷火吊舱大流量喷射时，点火瞬间火焰周围氧气消耗容易形成负压，将无人机向前吸引，因此点火前应保证无人机及喷嘴距离带电设备有足够的安全距离，可将无人机悬停在稍远位置，待火焰成功喷出后再向前缓慢移动。

图 5-10　作业现场

5.2.4　作业风险及管控措施

根据作业步骤，辨别作业危害因素、类别，列明并执行作业管控措施，规避作业风险。多旋翼无人机喷火除异物作业风险及管控措施见表 5-3。

表 5-3　　　　　　多旋翼无人机喷火除异物作业风险及管控措施

作业风险	管控措施
运输风险	燃料应使用专用容器进行存储，并在运输途中远离易燃易爆物和火源
环境风险	（1）避免将喷火吊舱及燃料箱放在阳光直射、通风不良地点或暖气、加热器等热源附近。 （2）禁止在加油站、油库、森林、居民区等不能开展动火作业的区域进行喷火除异物作业
操控人员	操控人员需持民用无人驾驶航空器操控员执照
现场准备	（1）作业前应办理空域申请手续，空域审批后方可作业，并密切跟踪当地空域变化情况。 （2）喷火吊舱加注燃料后应密切注意喷嘴朝向，保证喷嘴前方空旷开阔，避免将喷嘴朝向作业人员、无人机、车辆、燃料筒，预防吊舱失控误喷
飞前检查	（1）遥控器外观检查无异常，天线已正常展开，摇杆转动灵活，遥控器与平板已通过数据线正确连接。 （2）喷火吊舱、无人机机身、脚架、桨叶、云台、动力电池外观检查无异常，电机转动灵活，各连接点连接牢固。 （3）检查飞行器状态列表，遥控器电量、无人机电量充足，飞行模式为 GPS 模式，指南针、IMU 正常，摇杆模式与作业人员操控模式一致。 （4）检查无人机与喷火吊舱连接状态，在地面进行测试，确保无异常
飞行风险	（1）飞行中遇到大于 4 级风（5.5～7.9m/s）、暴雨、大雾、雷电天气时禁止继续作业，必须立即返航。 （2）飞行作业过程中，应时刻关注图像信号质量，图像卡顿时应暂停作业，待信号稳定后方可继续。 （3）飞行过程，无人机与杆塔部件时刻保持作业安全距离。 （4）如清除物为马蜂窝，作业人员及安全员应穿着防蜂服，并通知周边住户及围观群众进行躲避，避免马蜂伤人
作业结束	（1）拆除作业设备，规范装入专用工具箱，确保现场无遗留物，喷火吊舱中剩余的燃料作业完毕后应进行回收，避免喷火吊舱带油储存。 （2）作业完成后应对悬挂点及燃烧物掉落点进行复核，确保无火灾隐患后方可离开

5.3　多旋翼无人机应急系留照明

多旋翼无人机应急系留照明是应用多旋翼无人机平台搭载照明模块，通过电缆和地面系留供电箱相连，供电箱电源系统为无人机不间断供电，实现无人

机长时间驻空应急照明。多旋翼无人机应急系留
照明系统如图 5-11 所示。

5.3.1 设备组成

多旋翼无人机应急系留照明作业的主要设备
包括：多旋翼无人机、遥控系统及图像传输系统、
机载照明模块、供电电缆、系留供电箱等。

5.3.2 作业准备

（1）飞行计划：确定作业区域、飞行高度、
飞行时间以及飞行任务。

（2）确认飞行区域：做好作业区域飞行前现
场勘查工作，确认飞行天气条件，确保飞行安全。

图 5-11　多旋翼无人机应急
系留照明系统

（3）确认飞行设备：检查无人机、遥控器、发电机、传输设备和其他相关
设备的工作状况，确保所有设备正常运行。

（4）飞行许可：确保飞行活动已获得管理部门飞行许可，执飞人员需取得
民航局无人机操控员执照。

（5）无人机检查：包括检查无人机结构、螺旋桨、传感器、电池和连接器
等部件是否完好。

（6）飞行环境检查：在飞行区域附近寻找任何可能干扰飞行或危害无人机
的潜在危险。

（7）灯光状态：检查无人机搭载的照明设备，确保它们工作正常。

（8）光线条件：对飞行区域进行光线条件评估，以确定最佳的照明角度及
方案。

（9）设置隔离区：在飞行区域设置隔离警戒区，防止其他人员进入警戒区
发生安全事故。

（10）发电机检查：检查发电机油量，输出功率稳定性等。

（11）系留电缆检查：检查系留电缆安全性，预留安全长度。

5.3.3 作业过程

（1）飞行设置：设置无人机的飞行路线和高度，确保无人机飞行轨迹和高

度符合照明要求。

（2）夜间飞行操作：在夜间进行飞行时，需要特别关注飞行的安全和遵守航空规定。同时，还需注意夜间飞行的特殊环境条件，如光线、能见度等。

（3）照明效果调整：根据实际作业工况和现场照明需要，实时调整光源设备，确保照明需求设备得到充分照明并达到预期效果。

（4）安全监管：在飞行过程中，保持对无人机状态和环境的监控，确保飞行安全。

（5）任务完成后的整理工作：飞行任务结束后，进行无人机、照明设备的收纳和整理，对数据进行整理储存。

无人机系留照明作业如图 5-12 所示。

图 5-12　无人机系留照明作业

5.3.4　作业风险及管控措施

根据作业步骤，辨别作业危害因素、类别，列明并执行作业管控措施，规避作业风险。多旋翼无人机应急系留照明作业风险和管控措施见表 5-4。

表 5-4　　多旋翼无人机应急系留照明作业风险和管控措施

作业风险	管控措施
作业前风险	在飞行任务之前，进行详细的风险评估，考虑飞行区域的地形、天气、可见度以及其他潜在的风险因素

作业风险	管控措施
作业前风险	确保取得飞行所需的必要许可和批准，并严格遵守国家和当地对无人机飞行的相关法规和规定
	确保无人机操作人员具备相应的资质和任务设备的使用培训，熟悉飞行规则和操作程序
	作业区域设备安全围栏，夜间作业时应增加警示灯
	作业前严格按照系留无人机安全检查事项进行安全检查，确保无人机飞行安全
作业过程风险	时刻保持安全间隔，避免与其他飞行器或障碍物相撞，并严格遵守飞行高度和距离的规定
	保持对无人机的实时监控，确保与无人机的通信畅通，并及时采取措施处理意外情况
	工作负责人应具备 3 年及以上架空电力线路运维经验，无人机操作人员应具备 2 年及以上无人机操作经验，并掌握多旋翼无人机理论及操作技能
	开展系留无人机照明作业宜 2 人以上协同作业，确保设备、人身安全，能及时处置突发状况
	作业人员应佩戴安全帽及其他防护设备，并与无人机保持 5m 以上安全距离
作业后风险	保持无人机设备的良好状态，进行定期维护和检查，确保设备的安全和稳定性

5.4 多旋翼无人机 X 光检测

多旋翼无人机 X 光检测作业是指利用多旋翼无人机挂载 X 光检测设备对架空输电线路导地线压接管开展 X 光检测作业。目的是检查导地线压接管内部的压接质量是否满足规范要求，运行过程中是否产生缺陷等；一般主要应用于架空输电线路设备投产验收和带电运行后开展此项检测作业。

5.4.1 设备组成

多旋翼无人机 X 光检测作业的主要设备包括：多旋翼无人机、遥控系统及图像传输系统、X 光机、X 光机挂架及吊绳、数据分析终端等。

5.4.2 作业准备

（1）飞行计划：确定飞行区域、飞行高度、飞行时间及飞行任务。

（2）确认飞行区域：检查当前飞行区域的地形、天气和法律法规要求，确保飞行安全。

（3）确认飞行设备：检查无人机、遥控器、传输设备和其他相关设备的工作状况，确保所有设备正常运行。

（4）飞行许可：确保获得适当的飞行许可和执照。

（5）安全检查：包括检查飞机结构、螺旋桨、传感器、电池和连接器等部件是否完好。

（6）飞行环境检查：在飞行区域附近寻找任何可能干扰飞行或危害飞机的潜在危险。

（7）设置隔离区：在飞行区域设置隔离警戒区，防止其他人员进行区域发生安全隐患。

（8）X 光机设备检查：检查 X 光机设备外观、电量，确保其正常可用等，如图 5-13 所示。

图 5-13　无人机 X 光检测作业前准备

5.4.3　作业过程

无人机 X 光检测作业过程现场如图 5-14 所示。

（1）作业人员到达指定场地后，选择地面平稳的位置安装 X 光检测无人机。

（2）作业人员启动无人机和地面站电源，并开启 X 光检测装置的电源。

（3）作业人员在地面试拍 X 光，检测无人机状态。

（4）作业人员操控 X 光检测无人机飞行至检测目标位置。

（5）作业人员远程控制 X 光检测装置拍照，随后控制无人机返航降落。

（6）作业人员进行 X 光照片的数据分析。

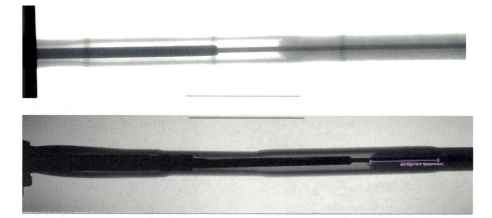

图 5-14　无人机 X 光检测作业过程

5.4.4　作业风险及管控措施

根据作业步骤，辨别作业危害因素、类别，列明并执行作业管控措施，规避作业风险。多旋翼无人机 X 光检测作业风险及管控措施见表 5-5。

表 5-5　　　　　　多旋翼无人机 X 光检测作业风险及管控措施

作业风险	管控措施
作业前的风险	在飞行任务之前，进行详细的风险评估，考虑飞行区域的地形、天气、可见度以及其他潜在的风险因素
	确保取得飞行所需的必要许可和批准，并严格遵守当地和国家对无人机飞行的相关法规和规定
	确保无人机飞行员具备相应的资质和培训，熟悉飞行规则和操作程序
作业过程风险	时刻保持安全间隔，避免与其他飞行器或障碍物相撞，并严格遵守飞行高度和距离的规定

续表

作业风险	管控措施
作业过程风险	保持对无人机的实时监控，确保与无人机的通信畅通，并及时采取措施处理意外情况
	工作负责人应具备 3 年及以上架空电力线路运维经验，无人机操作人员应具备 2 年及以上无人机操作经验，并掌握多旋翼无人机理论及操作技能
	开展架空电力线路 X 光检测作业时宜 2 人以上协同作业，确保设备、人身安全，能及时处置突发状况
作业后风险	保持无人机及检测设备的良好状态，进行定期维护和检查，确保设备的安全和稳定性

5.5　多光谱遥感

5.5.1　设备组成

1．无人机平台

（1）应具备 GNSS 增稳飞行模式，宜具备 RTK 差分定位功能。

（2）工作环境温度宜为 $-20 \sim +50$℃。

（3）在工作环境温度和满载的情况下，续航时间应大于或等于 20min。

（4）抗风能力不应低于五级（风速 10m/s）。

（5）应具备一键返航、链路中断返航等失效保护功能。

（6）导航定位设备检校应符合 GB/T 27919《IMU/GPS 辅助航空摄影技术规范》的规定。

2．多光谱成像仪

（1）应具备不少于 4 个波段的多光谱成像能力，光谱响应范围宜为 400 ～ 1000nm，具备收集绿光（550nm，带宽 40nm）、红光（660nm，带宽 40nm）、红边光（735nm，带宽 10nm）、近红外光（790nm，带宽 40nm）数据的能力，光谱分辨率不应低于 5nm。

（2）RGB 三色照片分辨率不低于 1600 万像素，单色照片分辨率不低于 120 万像素。

（3）重量和尺寸应在无人机荷载范围内，并具有抗震等防护设计。

（4）装置内存不应低于 64G 且满足连续工作 1h 的要求，有效扫描距离不应低于 60m。

（5）宜集成 GNSS，能在拍照时记录位置。

（6）多光谱成像仪检校应符合 CH/T 8021—2010《数字航摄仪检定规程》的规定。

3．激光扫描设备

若同时搭载激光雷达设备时，激光雷达设备及机载 POS 系统、固定基站地面 GNSS 信号接收机应符合 T/CEC 448—2021《架空输电线路无人机激光扫描作业技术规程》的规定。

5.5.2 作业准备

1．人员准备

（1）应根据巡检任务和所用机型合理配置人员，Ⅰ、Ⅱ类无人机（小型机）需操作人员 2～3 名，Ⅲ、Ⅳ类无人机（中大型机）需操作人员 3～5 名。

（2）作业前应对全体人员进行安全、技术交底，交代工作内容、方法、流程及安全要求，并确认每一名人员都已知晓。

2．作业准备

（1）执行作业前，作业人员应进行现场勘查，确定作业内容和无人机起、降点位置，了解飞行线路情况、海拔、地形地貌、气象环境、植被分布、所需空域等，并根据作业内容合理制定作业计划。

（2）计划外的作业，必要时应进行现场勘查。

（3）特种作业前，执行单位应向空管部门报批验收计划，履行空域申请手续，并严格遵守相关规定。

（4）作业人员应提前了解作业现场当天的天气情况，决定能否进行作业。

（5）作业人员应在作业前准备好工器具及备品备件等物资，完成无人机系统检查，确保各部件工作正常。带电检测相关仪器：根据检测的类型做好配备，使用前对检测仪器进行校准调试，确保仪器处于合格状态。

（6）作业人员应仔细核对无人机所需电池电量充足，各零部件、工器具及保障设备携带齐全，填写出库单后方可前往作业现场。

（7）作业前，应核实线路名称和杆塔号无误，并再次确认现场天气、地形和无人机状态适宜作业。

（8）起飞前，操作人员应逐项开展设备检查、系统自检、航线核查，确保无人机处于适航状态。

（9）发生环境恶化或其他威胁无人机飞行安全的情况时，应停止本次作业；若无人机已经起飞，应立即采取措施，控制无人机返航、就近降落，或采取其他安全策略保证无人机安全。

（10）起飞、降落点应选取面积不小于 2m×2m 地势较为平坦且无影响降落的植被覆盖的地面，如现场起飞、降落点达不到要求，应自备一张防潮垫方便起飞、降落。

工作负责人在作业开始前向工作许可人申请办理工作许可手续，在得到工作许可人的许可后，方可开始工作。工作许可人及工作负责人在办理许可手续时，应分别逐一记录、核对工作时间、作业范围和许可空域，并确认无误。

工作负责人在当天工作前和结束后向工作许可人汇报当天工作情况。已办理许可手续尚未终结的工作，当空域许可情况发生变化时，工作许可人应当及时通知工作负人视空域变化情况调整工作计划。

3．飞行前准备

（1）起飞前，操作人员应逐项开展设备检查、系统自检、航线核查，确保无人机处于适航状态。

（2）登陆千寻位置网，查看当地电离层活跃等级。

4．外观检查

（1）无人机表面无划痕，喷漆和涂覆应均匀；产品无针孔、凹陷、擦伤、畸变等损坏情况；金属件无损伤、裂痕和锈蚀；部件、插件连接紧固，标识清晰。

（2）检查云台锁扣是否已取下。

（3）使用专用工具检查旋翼连接牢固无松动，旋翼连接扣必须扣牢。

（4）检查电池外壳是否有损坏及变形，电量是否充裕，电池是否安装到位。

（5）检查显示器、电量是否充裕。

（6）检查遥控器电量是否充裕，各摇杆位置应正确，避免启动后无人机执行错误指令。

5．功能检查

（1）启动电源。

（2）查看飞机自检指示灯是否正常，观察自检声音是否正常。

（3）需检查显示器与遥控器设备连接，确保连接正常；多旋翼无人机巡检作业指导细则。

（4）无人机校准后，确保显示器所指的机头方向与飞机方向一致。

（5）操作拍摄设备是否在可控制范围内活动，拍摄一张相片检查 SD 卡是否正常。

（6）显示屏显示 GPS 卫星不得少于 6 颗才能起飞。

（7）检查图像传输信号、控制信号是否处于满格状态，并无相关警告提示。

（8）将飞机解锁，此时旋翼以相对低速旋转，观察是否存在电机异常、机身振动异常。

如有异常，应立即关闭无人机，并将无人机送回管理班组进行进一步检查。

6．航线规划

在进行航线规划时，应满足以下要求：

（1）作业人员根据巡检作业要求和所用无人机技术性能规划航线。规划的航线避开空中管制区、重要建筑和设施，尽量避开人员活动密集区、通信阻隔区、无线电干扰区、大风或切变风多发区和森林防火区等地区。对于首次开展无人机巡检作业的线段，作业人员在航线规划时应当留有充足的裕量，与以上区域保持足够的安全距离。

（2）航线规划时，作业人应充分预留无人机飞行航时及返航电量。

（3）无人机起飞和降落区应远离公路、铁路、重要建筑和设施。尽量避开周边军事禁区和军事管理区、森林防火区和人员活动集区等且满足对应机型的技术指标要求。

（4）除非涉及作业安全，作业人不得在无人飞行过程中随意更改巡检航线。

5.5.3　作业过程

1．方案编制

作业方案应根据飞行目的、待扫描线路情况及采集扫描数据要求制定。

2．资料收集

作业准备应收集待扫描输电线路巡检线路台账、线路走向、杆塔地理位置信息、运行参数、地形地貌、气象条件、交叉跨越及线路周边环境等资料。

3．技术准备

待扫描输电线路应现场勘查，并确定无人机起降点及导航定位基站站址。

勘查内容应包括地形地貌、气象环境、空域条件、线路走向、通道长度、杆塔坐标、高度、塔型、交跨及其他危险点等。

4．航线规划

扫描范围应为输电线路走廊和本体，在保证测量范围和精度的前提下，宜选用尽量短的航线。

5．设备调试

作业前应对无人机、多光谱成像仪等设备上电自检，无人机搭载荷载设备后应进行适应性飞行。

6．飞行采集

（1）采用地面基站时，基站应架设在地域空旷的区域，且同时观测卫星数量不少于 6 颗。

（2）架设地面 GNSS 基站时，应派专人看守，并实时监测 GNSS 接收机的工作状态，应采取防雨、防雷、防误碰的防护措施。

（3）作业人员应填写飞行记录单，并记录地表温度、风速、光照等天气情况，记录间隔宜为 15min。

7．数据质量检查

多光谱影像数据采集结束后，应检查数据文件，检查应包括以下内容：

（1）原始数据完整性，应确保多光谱影像数据无漏洞，且覆盖线路走廊，无文件损坏。

（2）影像数据质量，应确保多光谱影像数据无遮挡等，分辨率应满足多光谱影像地面分辨率整体应大于或等于 0.15m，其中平原地区地面分辨率应大于或等于 0.1m，丘陵、山区等地形复杂地区地面分辨率应大于或等于 0.2m 的要求。

（3）影像重叠率应满足多光谱影像整体航向重叠率应大于或等于 60%，旁向重叠率应大于或等于 40%。丘陵、山区等地形复杂地区航向重叠率应大于或等于 80%，旁向重叠率应大于或等于 60% 的要求。

（4）影像宽度应覆盖电力线路走廊，且满足多光谱扫描作业覆盖最终成果制作的要求。

（5）激光点云密度应按照 T/CEC 448—2021《架空输电线路无人机激光扫描作业技术规程》的规定执行的要求。

8．航后检查

（1）数据采集结束后，应检查设备是否正常。

（2）无人机降落后，应检查其外观及零部件，恢复储运状态并填写无人机巡检系统使用记录单。

（3）撤收前，电动无人机应将电池取出。

（4）人员撤离前，应清理现场，核对设备和工器具清单，确认现场无遗漏。

5.5.4　数据处理与分析

1．数据处理流程

多光谱影像数据采集结束后，应解算相机每个曝光点的 POS 数据，对各谱段影像数据拼接、裁切，并进行融合处理。

2．数据预处理及检查

（1）应对多光谱成像仪位置数据解算，对电力线路走廊环境参数整理；若布设地面 GNSS 参考站，应将机载 POS 数据与地面 GNSS 基站数据联合解算。

（2）应对多光谱影像进行辐射、大气、正射、几何校正等预处理，获得地物较为准确的反射率和辐射率等真实物理模型参数。

（3）数据预处理结果应包括多光谱成像仪位置数据、各光谱波段影像等文件。影像宜为 tiff 或 jpg 格式。

（4）应检查解算后的各光谱波段影像完整性、精确性，应确保走廊环境数据无缺失。

（5）若同时搭载激光雷达设备的，激光点云数据处理按照 T/CEC 448—2021《架空输电线路无人机激光扫描作业技术规程》的规定执行。

3．数据处理

（1）影像拼接、宽度裁切：对不同光谱波段影像进行融合、匀光匀色处理，还原伪彩色影像数据，得到整幅光谱影像；拼接后的光谱影像进行裁切，剪裁宽度应符合表 5-6 的规定。

表 5-6   扫描覆盖参数和裁剪参数

电压等级（kV）	扫描覆盖参数（m）	裁剪参数（m）
220 及以下	50	40
330 ～ 500	50	45
750、1000	65	60
± 320 及以下	50	45
± 400、±500、±660	60	50
± 800、±1100	80	75

注　扫描覆盖宽度和裁剪宽度均以线路中心线为基准向两侧扫描和裁剪，分别为扫描覆盖参数和裁剪参数的 2 倍。

（2）多光谱影像与激光点云数据融合处理：应将多光谱影像与激光点云数据进行自动配准，自动配准的方法包括基于布设控制点、图像的灰度区域、面及直线特征等；应利用分割算法对多光谱影像的纹理进行处理，生成树木二维冠层形态结构等特征数据；同区域多光谱影像数据与激光点云数据的采集时间间隔不宜超过 12 个月。

4．数据分析

（1）冠层高度模型计算：对多光谱影像数字表面模型（DSM）与数字高程模型（DEM）进行差运算，生成冠层高度模型（CHM）。

（2）单木冠层分割：应对多光谱影像与激光点云融合的数据进行单木冠层初分割、分割，得到冠层真实轮廓；应对分割结果进行检查，优化层分割线，并剔除单木冠层虚假轮廓，得到自动分割结果。

（3）提取单木冠层高度：根据单木冠层分割结果提取冠层轮廓内树高顶点，顶点与数字高程模型（DEM）的差值即为树高，树高误差不应超过 ± 0.25m。

（4）单木冠层的种类识别：对单木冠层进行提取、处理，建立已知树种的单木冠幅特征库；单木冠层的种类识别应采用配准后的特征值与特征库进行匹配和相关性分析，进行种类识别。

5．成果资料整理

（1）架空电力线路走廊 1∶500 树木分布图。

（2）架空电力线路走廊 1∶500 树木种类分布图。

（3）架空电力线路走廊树木信息表，至少包括树木编号、经纬度、种类、高度、冠幅半径等。

（4）架空电力线路走廊 1：500 正射影像图。

（5）架空电力线路走廊数字高程模型，分辨率 0.1m。

（6）架空电力线路走廊数字表面模型，分辨率 0.1m。

（7）架空电力线路走廊冠层高度模型，分辨率 0.1m。

原始数据、预处理数据、成果数据均应分类保存与备份，其中原始数据应至少保存一式两份。

5.5.5　作业风险及管控措施

根据作业步骤，辨别作业危害因素、类别，列明并执行作业管控措施，规避作业风险。多光谱遥感作业风险及管控措施见表 5-7。

表 5-7　　　　　　　　　　多光谱遥感作业风险及管控措施

风险范畴	风险类型	风险来源	预防控制措施
作业风险	天气影响	恶劣天气影响飞行安全	在遇到天气突变时，按照安全返航路径，紧急降落
	飞行环境	现场环境有变化，造成起降区不平坦、有杂物、面积过小、周围有遮挡	按要求重新选取合适的场地
		起降区周围存在干扰无人机起降的人员、物品或装置	起飞和降落时，现场所有人员、物品或装置应与无人机保持足够的安全距离（5m），确保不会干扰无人机
		在作业过程中收到民航军管部门对作业区域发出空域临时变更的通知	立即中断作业，控制无人机系统在安全区域紧急降落
		巡检范围内存在影响飞行安全的障碍物（交叉跨越线路、通信铁塔等）	巡检前做好巡检计划，充分掌握巡检线路及周边环境情况资料；现场充分观察周边情况；作业时提高警惕，保持安全距离
	飞行故障	无人机起飞和降落时发生事故	巡检人员严格按照产品使用说明书使用产品；起飞前进行详细检查；无人机进行自检
		飞行过程中零部件脱落	起飞前做好详细检查，零部件螺栓应紧固，确保各零部件连接安全、牢固
		飞行过程中安全距离不足导致导线、设备等对无人机放电	满足相应电压等级安全距离要求

风险范畴	风险类型	风险来源	预防控制措施
作业风险	飞行故障	飞行过程中无人机与线路本体、周围树木、建筑物等发生碰撞	作业时无人机与线路本体、周围树木、建筑物等保持距离1.5m及以上
		飞行过程中无人机本体故障，包括动力设备、供电系统、通信系统、控制系统等异常	飞行模式切换回手动控制，取得飞机的控制权；迅速减小飞行速度，尽量保持飞机平衡，尽快安全降落；预设、检查飞行器开启通信中断自动返航功能
人员风险	人员疲劳作业	人员长时间作业导致疲劳操作	及时更换作业人员
	人员中暑	高温天气下连续作业	准备充足饮用水，装备必要的劳保用品；携带防暑药品
	人员冻伤	在低温天气及寒风下长时间工作	控制作业时间、穿着足够的防寒衣物

5.6 紫 外 检 测

输电线路由于运行年限、环境影响、绝缘老化等原因会引起电场集中而发生电晕放电，电晕放电对输电线路及设备危害巨大会导致电力系统发生故障，所以对电晕放电，尤其是处于问题早期的电晕放电进行检测是发现设备早期隐患的重要手段。

电晕放电在日盲紫外波段（240～280nm）具有微弱的发光，对这个波段进行检测，可以屏蔽太阳光的干扰，提高检测的准确性。日盲紫外成像技术具有不受太阳光干扰，灵敏度高、辨识准确等优势，可第一时间发现漏电源，将危害发现并控制在前期，对于电网安全运行具有重要意义。其高灵敏度、全天候工作、定位准确、误检率低等优点，是解决电力输运过程中电晕放电监测的最佳方案。

5.6.1 设备组成

1．无人机

紫外检测过程需要悬停作业，因此选用多旋翼无人机作为载机，搭载紫外吊舱进行作业。现阶段大多数紫外吊舱选用 M300RKT、M600 多旋翼无人机作为载机，如图 5-15 所示。

图 5-15 商品无人机载机

2. 紫外吊舱

由于日盲紫外探测器仅能对紫外波段进行检查，因此为了准确定位放电源，无人机紫外吊舱多设计为双光紫外吊舱（紫外＋可见光）（如图 5-16 所示），或者三光紫外吊舱（紫外＋红外＋可见光）（如图 5-17 所示）。

图 5-16 双光紫外吊舱（紫外＋可见光）

图 5-17 三光紫外吊舱（紫外＋红外＋可见光）

5.6.2　作业准备

1．无人机选择

开展紫外巡检作业，应选择与紫外吊舱匹配的无人机型号。根据吊舱重量、安装接口、供电电压、通信协议、续航时间等参数选择匹配该款紫外吊舱的无人机。

2．吊舱安装

移除飞行器云台接口保护盖，将吊舱及飞行器接口调整至解锁位置，使二者接口对准并旋转云台锁扣至锁定位置以固定吊舱。每次旋转锁定后应尝试反向旋转，确保吊舱已经与飞行器锁定连接，防止因连接不稳而出现安全隐患。具体安装过程如图 5-18 所示。

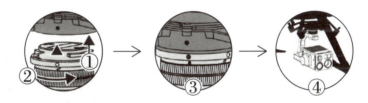

图 5-18　安装过程

3．紫外吊舱标定

紫外巡检时，回传画面为紫外与可见光相机叠加的图像，不同的检查距离或其他原因有可能导致所显示的紫外光斑与可见光实际放电点叠加位置不准确。发生这种情况时，需要对紫外吊舱进行标定，步骤如下：

（1）将镜头对准稳定的紫外光源（蜡烛、酒精灯等），在镜头设置菜单中选择偏移校准，如图 5-19 所示。

图 5-19　操作过程

（2）拖动白色手指图标，使紫外光斑与火焰位置重合，如图 5-20 所示；对于可见光镜头具有变焦功能的吊舱，每个焦段重复进行此过程。

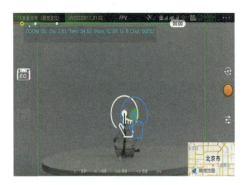 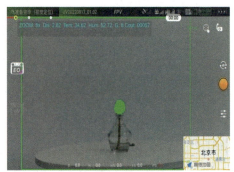

图 5-20　操作过程

标定成功后，紫外光斑的位置应与实际紫外源位置重合。

4. 紫外参数设置

紫外吊舱的光斑颜色及传感器增益需要手动设置。在相机设置菜单有对应选项，增益反应传感器对紫外光子的敏感程度，增益设置过小容易漏检，增益设置过大成像噪点增加，作业人员应根据吊舱指导手册及实际作业场景合理设置紫外镜头参数。紫外参数设置如图 5-21 所示。

5. 作业环境

作业前应了解作业地点的气象情况，遇雾、雪、大雨、大风、冰雹等恶劣天气不满足多旋翼无人机安全作业要求时，不可开展无人机紫外巡检，已开展的应及时终止。确保气象条件应满足无人机飞行。

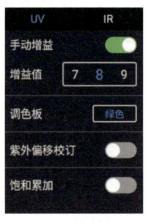

图 5-21　紫外参数设置

作业现场应远离爆破、射击、烟雾、火焰、机场、人群密集、高大建筑、军事管辖、无线电干扰等可能影响多旋翼无人机飞行安全的区域。同时应尽量减少或避开电磁干扰、电焊加工厂、明火加工区、太阳直射等干扰源对紫外设备测量的影响。

巡检区域处于狭长地带或大档距、大落差、微气象等特殊区域时，作业人员应根据多旋翼无人机性能和作业环境判断开展作业。

6. 作业人员

作业人员应至少包含 1 名无人机操控员和 1 名安全监管员。无人机操控员应熟悉多旋翼无人机驾驶方法和巡检方法，通过多旋翼无人机理论和实操培训及考核，具备多旋翼无人机操控资质。无人机操控员负责操作无人机开展巡检作业，需熟悉无人机飞行原理、了解作业无人机的操作方式及作业流程，能够熟练地操作无人机完成巡检任务。安全监管员负责对整个作业过程进行安全监管，需要具备良好的空中观察能力和快速的反应能力，能及时发现周边环境及作业过程中可能出现的安全隐患。

作业人员应具有 2 年及以上架空配电线路运行维护工作经验，熟悉架空输电线路运维知识和电气、航空、气象、地理等知识，掌握缺陷管理知识。作业人员应身体健康，精神状态良好，作业前 8h 及作业过程严禁饮用任何酒精类饮品。

5.6.3　作业过程

1. 巡检内容及周期

（1）巡检内容。日常运行中重点对线路绝缘子、地线连接处、导线断股处等承受电压部位（部件）进行检测，重点检测部位（部件）如下：

1）由于设计、制造、安装或检修等原因，形成的锐角或尖端。

2）由于制造、安装或检修等原因，造成表面粗糙。

3）运行中导线断股（或散股）。

4）均压、屏蔽措施不当。

5）在高电压下，导电体截面偏小。

6）悬浮金属物产生的放电。

7）导电体对地或导电体间隙偏小。

8）设备接地不良。

9）在潮湿情况下，绝缘子表面破损或裂纹。

10）在潮湿情况下，绝缘子表面污秽。

11）绝缘子表面不均匀覆冰。

12）绝缘子表面金属异物短接。

（2）巡检周期。输电线路设备的紫外检测周期应根据其重要性、电压等级及环境条件等因素确定。

1）一般情况下，宜对 220kV 及以上输电线路设备检测每年不少于 1 次，110kV 及以下输电线路设备检测每 2 年 1 次，重要的 110kV 及以上运行环境恶劣或设备老化严重的线路可适当缩短检测周期。

2）重要的新建、改扩建和大修的设备，宜在投运后 1 月内进行检测。

3）特殊情况下，如设备出现电晕放电异常、冰雪天气（特别是冻雨）、在污秽严重且大气湿度大于 90%，宜及时检测。

2．巡检过程

紫外巡检过程如图 5-22 所示，具体巡检细节如下：

图 5-22　紫外巡检过程

（1）无人机平稳起飞至 5～10m，再次确认开启增稳模式及卫星数量是否达标，并操作遥控器检查无人机对应舵面动作响应正常、各项状态正常，操作云台检查云台及镜头控制是否正常。

（2）采用 GPS 飞行模式控制无人机按巡检航线飞到巡检作业点，保持图像传输信号良好的情况下飞行作业，合理选择转场地点，飞行速度不大于10m/s。

（3）平稳操控无人机到达检测高度，调整镜头对准检测部位，再次根据现场的环境及温度调节增益至最佳，并对扫描结果录像及做好记录。

（4）数据采集过程中无人机悬停于检测部位（部件）下方 5～10m，数据采集角度宜调整至仰角 10°～15°。微调无人机悬停位置和云台角度，保证检测部位（部件）位于遥控器屏幕全画面居中位置，确保测量效果最佳。

（5）无人机稳定后，操作遥控器调节合适增益，使图像清晰稳定后观察放电的部位和放电强弱程度。放电部位（部件）紫外检测视频录制时间应能描述完整放电过程，每一处放电现象录制时间不应少于 20s。

（6）数据采集应记录设备增益、温湿度、采集距离、对焦状态等参数。数据采集时应调整合适工作距离，使视频保持放电部位（部件）、放电光子等图像清晰，放电部位在镜头视野范围内。可见光拍摄图像清晰，不发生曝光异常或虚焦模糊等现象。

（7）密切观察飞行巡检过程中的遥测信息，综合评估无人机所处的气象和电磁环境，异常情况下及时调整飞行，必要时中止飞行，并做好飞行的异常情况记录；数据采录完成后，记录环境温度、异常设备杆塔号、部件名称等数据。

3. 巡检策略

（1）精准测量。手动紫外巡检流程可采取与杆塔精细化巡检相同的巡检策略，对可能发生放电现象的部位逐一进行拍摄。

（2）快速普测。快速普测可采取通道巡检的飞行方式进行视频录制，无人机镜头向下 45°向前飞行，飞行高度按照紫外镜头的有效测量距离进行设置，同时应保证无人机的飞行安全。

对于单回线路，飞行路径在杆塔正上方（如图 5-23 所示），对于双回线路等导线分布在杆塔两侧的塔型，宜采用"回"字形飞行方式，无人机在杆塔两侧分别拍摄，避免正上方飞行时检测部件被遮挡，如图 5-24 所示。

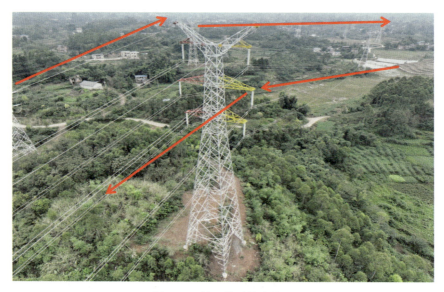

图 5-23 单回塔型快速普测

图 5-24 双回塔型快速普测

在日常紫外巡检作业中，效率较高的作业方式为先按通道巡检模式开展快速普测，发现放电点后再近距离精准拍摄具体放电部位。

5.6.4　作业风险及管控措施

根据作业步骤，辨别作业危害因素、类别，列明并执行作业管控措施，规避作业风险。紫外检测作业风险及管控措施见表 5-8。

表 5-8　　　　　　　　　　　　紫外检测作业风险及管控措施

作业风险	管控措施
运输风险	紫外吊舱使用完毕后应将吊舱放入安全箱内，避免将吊舱放在阳光直射、通风不良地点或暖气、加热器等热源附近
环境风险	应避免将紫外将吊舱镜头对准强能量源，如太阳、熔岩、激光束等，避免否则会灼伤相机传感器
操控人员	操控人员需持民用无人驾驶航空器操控员执照
现场准备	（1）作业前应办理空域申请手续，空域审批后方可作业，并密切跟踪当地空域变化情况。 （2）作业前应掌握巡检设备的型号和参数、杆塔坐标及高度、巡检线路周围地形地貌和周边交叉跨越情况
飞前检查	（1）遥控器外观检查无异常，天线已正常展开，摇杆转动灵活，遥控器与平板已通过数据线正确连接； （2）紫外吊舱、无人机机身、脚架、桨叶、云台、动力电池外观检查无异常，电机转动灵活，各连接点连接牢固。 （3）检查飞行器状态列表，遥控器电量、无人机电量充足，飞行模式为 GPS 模式，指南针、IMU 正常，摇杆模式与作业人员操控模式一致，内存卡容量充足，拍照测试正常可用。 （4）检查无人机与紫外吊舱连接状态，在地面进行拍摄测试，确保作业无异常
飞行风险	（1）飞行中遇到大于 4 级风（5.5～7.9m/s）、暴雨、大雾、雷电天气时禁止继续作业，必须立即返航。 （2）飞行作业过程中，应时刻关注图像信号质量，图像卡顿时应暂停作业，待信号稳定后方可继续。 （3）飞行过程，无人机与杆塔部件时刻保持作业安全距离
作业结束	拆除作业设备，规范装入专用工具箱，确保现场无遗留物

5.7　多旋翼无人机辅助运输

多旋翼无人机辅助运输作业是指利用多旋翼无人机搭载空吊系统开展架空输电线路相关设备、材料以及检修工器具的辅助运输作业。目的是缩短卸料点与杆塔位之间的小运距离，提高运输效率，减少运输作业时间。一般应用于架空输电线路应急抢修、大修技术改造等地形高差大，运输距离近的作业场景；可根据运输物料的不同，选择不同的空吊系统装卸物料，包括空中抛投、触地

173

脱钩、绳降等方式。下面以大疆"FlyCart 30"为例。

5.7.1　设备组成

多旋翼无人机辅助运输作业的主要设备包括：重载无人机、遥控系统及图像传输系统、无人机电池及充电设备、空吊系统、地面站终端等。

5.7.2　作业准备

1．出库前准备

（1）无人机出库前对无人机机身、遥控器、电池、空吊系统、电池充电管家进行外观检查，确保可正常使用。

（2）检查无人机及遥控器电池，确保电池电量充足；为防止无人机电池发热后产生效能衰减或异常掉电，一台运输无人机应配备4～6块电池循环使用。

（3）领用合格的安全围栏、警示牌、护目镜、急救箱（或急救包）、占道作业安全标识牌等安全设施。

（4）做好领用出库登记。

2．现场作业前准备

（1）工作负责人对工作班成员进行安全交底，说明工作内容、任务分工等事项，确保人员掌握工作内容、作业危险点及安全注意事项，并在班前会上确认签名。

（2）选择户外平整开阔地带作为合适起降点，如图5-25所示。

图 5-25　户外平整开阔地带

（3）设置安全围栏及悬挂相关警示标志；起降场地和物资堆放场地较近时，应保证无人机与装卸人员 5m 以上的安全距离；多台无人机同时作业时，应能保证同时起降多台无人机的场地宽度要求。

（4）组装并检查无人机：确认电机转动顺畅，桨叶、机身、机臂、起落架、电池外观良好、牢固，遥控器数传、图像传输天线舒展拉伸，遥控器、机身电池电量充足，如图 5-26 所示。

图 5-26 组装并检查无人机

（5）安装空吊系统，确保其与无人机正确连接牢固。

（6）根据运载货物大小、运输作业流程等选择合适的挂载方式；无人机物资运输作业不得超过额定质量（40kg）。

5.7.3 作业过程

1. 手动飞行运输

（1）作业人员手动控制无人机起飞，并飞往目标点。

（2）作业人员应时刻关注无人机运行状态，注意起降场地、周围障碍物等情况，采取有效措施进行避障，飞行中如遇掉电过快、飞机姿态摆幅过大、电机达到最大功率等异常情况，应立即降低飞行高度，选择空旷场地抛投物资后立即返航。

（3）到达目标点后，操控无人机，保持合适高度（建议在货物上方10m），调节 FPV 云台相机向下，界面将显示无人机正下方的 AR 投射点，实时观察地面情况。

（4）确保环境安全后，控制无人机降落并卸下货物。

2．航线飞行运输

航线飞行功能是使无人机按照提前规划好的航线飞行，从而实现自动运载作业，作业过程如图 5-27 所示。

图 5-27　无人机辅助运输作业过程

（1）在 DJI Pilot2 或司运（地面站）中点击"航线"，进入航线库，选择所需航线。

（2）点击"开始"图标，进入飞行前检查界面。

（3）检查完毕后选择下一步进入航点航线检查单页面。如检查页面出现告警应及时调整，检查无误后点击"上传航线"。选择开始执行，无人机将自动执行航线运载作业。

（4）航线过程中，作业人员应判断飞行高度及位置是否与预设航线发生偏离，偏离过大时应暂停作业并采取应急返航措施。

5.7.4　作业风险及管控措施

根据作业步骤，辨别作业危害因素、类别，列明并执行作业管控措施，规避作业风险。多旋翼无人机辅助运输作业风险及管控措施见表 5-9。

表 5-9　　　　多旋翼无人机辅助运输作业风险及管控措施

作业风险	管控措施
恶劣的天气	风力大于 5 级或大于无人机抗风性能时、大雾天气、雷雨天气不宜进行作业

续表

作业风险	管控措施
恶劣的天气	避免低温时段进行作业。如需作业，应做好电池保温措施，并密切观察电池电量情况。作业人员做好保暖措施，药箱配备防冻伤药品
	避免高温时段进行作业。如需作业，作业现场应对设备采取防暴晒措施；作业人员及时补充水分，并配备防暑药品
不合规定的起降点	起降场地应选择不小于多旋翼无人机 2 倍轴距平整区域，起降场地和物资堆放场地较近，应保证无人机与装卸人员 5m 以上的安全距离
	多台无人机同时作业时，应能保证同时起降多台无人机的场地宽度要求
	起降点的选择应尽量避让通信塔或地磁干扰较大的区域，无人机数传或图像传输链路较差时应重新选择起降点，保证无人机作业安全
	尽量选择空旷、不影响交通、行人少的场地，确实需要占用道路的作业，应设置占道作业安全标识
不合格的工器具	应携带与作业相匹配的无人机机型及拆装工具
	每个架次起飞前应对无人机系统外观及功能进行逐项检查
无人机越界	无人机进行实名制登记
	严禁在禁飞区内开展无人机作业
	实际飞行作业范围不应超过作业计划范围，为保证飞行安全运输无人机作业均需到当地公安局、民航空管等备案并报批空域
无人机高坠	无人机设备应购买相关保险，且保险在有效期内
	起飞前必须检查各部件连接状态、软件状态参数，满足要求才能起飞
	在起飞前根据现场情况设置安全返航高度
	操控过程应注意起降场地、周围障碍物等情况，采取有效措施进行避障；监护人员应在无人机飞行过程中实时监控无人机本体与设备安全距离

基础演练

1. 无人机憎水检测作业流程是什么？

2. 喷火无人机由哪几部分组成？每个部分的功能分别是什么？

3. 什么是无人机应急系留照明？

4. 多旋翼无人机X光检测的目的是什么？主要设备包括哪些？

5. 无人机多光谱遥感作业的风险点及预控措施有哪些？

6. 无人机紫外检测作业前需要做哪些准备？

7. 多旋翼无人机辅助运输作业的目的是什么？主要的应用场景有哪些？

提高演练

1. 飞前检查是避免无人机作业过程中飞行事故的重要执行措施，请简述无人机憎水检测作业中的飞前检查项目。

2. 如何利用喷火无人机进行线路异物清除？

3. 喷火无人机进行线路异物清除作业时有哪些技巧？

4. 利用无人机留照明设备实现长时间驻空应急照明作业过程需要注意什么？

5. 如何提高多旋翼无人机X光检测的作业效率？

6. 按作业流程完成无人机多光谱遥感作业以后数据如何归类和分析？

7. 请简述无人机紫外检测的作业过程。

8. 如何提高多旋翼无人机辅助运输作业的运输效率？

章前导读

● 导读

目前，无人机已广泛应用在电力系统开展相关巡检工作，随着巡检效率的提高，产生的数据类型与数据量越来越多，本章从可见光、红外、三维扫描数据三个方面介绍数据分析的相关内容。

本章着重介绍无人机数据处理分析。在第 6.1 节中对可见光数据的处理做了详细描述，介绍了无人机搭载的可见光设备，利用自身独特的空中检测角度优势，及时发现设备缺陷和潜在隐患，通过数据规范命名、缺陷识别与标注、审核与存档三个方面进行数据处理分析工作，具体介绍了典型的缺陷类型，通过缺陷样例分析了缺陷产生的原因。第 6.2 节中介绍了红外巡检数据处理分析，从数据分析的具体步骤介绍，如对红外图像进行命名，导出相关温湿度等信息，除分析步骤外，重点介绍了红外数据分析的要求，在数据格式及处理、分析工具、智能分析三方面提出了具体要求。第 6.3 节中为三维扫描数据处理分析，列举了三维数据分析应用内容，如工况模拟、安全隐患检测。本节从三维数据的处理流程介绍，包含数据预处理、POS 数据处理、点云数据解算、真彩色点云生成、点云数据裁剪、点云数据分类、隐患分析七个流程，在最后通过一个作业示例介绍了三维数据的分类方法与报告示例。

● 重难点

重点介绍数据处理分析的具体步骤，含数据整理、数据准备、数据命名、数据分析要求、数据分析结果、案例分析等。

难点在数据分析具体步骤的理解，体现在数据分析时如何提前对数据进行规范的整理并命名，在数据分析时如何准备判断缺陷的等级与类型，如在可见光巡检数据分析中，哪些数据为缺陷数据等。

重难点	包含内容	具体内容
重点	可见光数据处理分析的具体步骤	（1）数据整理 （2）数据准备 （3）数据命名 （4）数据分析、审核与存档 （5）典型缺陷分析
	红外巡检数据处理分析的具体步骤	（1）数据整理 （2）数据准备 （3）红外数据格式处理要求 （4）红外图像智能分析要求
	三维扫描数据处理分析的具体步骤	（1）数据整理 （2）数据准备 （3）数据命名 （4）数据分析、审核与存档 （5）作业实例分析
难点	对数据处理具体步骤的准确理解和操作	（1）如何提前对数据进行规范的整理并命名 （2）在数据分析时如何准备判断缺陷的等级与类型，如在可见光巡检数据分析中，哪些数据为缺陷数据等

第6章 数据处理分析

利用无人机自身独特的空中优势，可近距离、多角度采集电力设备的可见光、红外、激光雷达等数据，及时发现设备缺陷和潜在隐患，克服传统人工巡视工作中塔位难以到达、攀塔风险高且效率低等问题。

对获取的电力设备的图片或视频，应及时处理并分类存档。作业人员在巡检数据导出后应添加当次的任务信息和巡检目标的线路杆塔信息，实现巡检数据的规范命名；采用软件进行适当处理查找缺陷并添加标记，对线路设备缺陷进行规范化的分类分级记录，生成检测报告；对巡检工作全过程数据进行分类存储，便于后续查询检索。

6.1 可见光巡检数据处理分析

无人机可见光巡检拍摄的图片或视频，应及时处理并分类存档。作业人员在巡检数据导出后应添加当次的任务信息和巡检目标的线路杆塔信息，实现巡检数据的规范命名；采用软件进行适当处理查找缺陷并添加标记，对线路设备缺陷规范化的分类分级记录，生成检测报告；对巡检工作全过程数据进行分类存储，便于后续查询检索。

6.1.1 数据规范命名

1. 程序添加数据标签

巡检作业过程中，无人机设备拍摄的巡检图像和后期添加的信息标签文件，宜采用专业数据库管理，存储时应保证命名的唯一性。宜采用专用的标注软件进行标注操作，对巡检图像批量添加信息标签，内容至少包括电压等级、线路名称、杆塔号、巡检时间和巡检人员。对于巡检视频文件，需截取关键帧另存为".jpg"格式图像文件，批量添加标签规则相同。缺陷图像重命名时，要求清楚描述缺陷部位和类型，缺陷描述应按照"相—侧—部—问"的顺序，命名规范如下："电压等级＋设备双重称号"–"该图片原始名称"–"缺陷简述"。对 RTK 自主精细巡检拍摄的图像，其标签应增加拍摄位置、距目标设备的拍摄距离、拍摄角度、相机焦距、目标设备成像角度、光照条件。示例：220kV ××2369 线 009#– 大金具 – 小金具 – 中相小号侧导线侧 – 碗头挂环缺销钉，如图 6-1 所示。

图 6-1　缺陷命名示例

2．手动重命名

若不具备巡检图像数据库管理软件，作业人员应从无人机存储卡中导出图片或视频，选择当次任务数据，批量添加电压等级、设备双重称号，并备注当次任务的巡检时间、巡检人信息。之后根据当次任务的起止杆塔号，将巡检数据与杆塔逐基对应，将数据保存至本地规范存储路径下。对存在缺陷的图片或视频，清楚地描述缺陷部位和类型后另存到缺陷图像存储路径下。

6.1.2　缺陷识别与标注

1．识别分析

巡检人员宜采用缺陷识别软件批量处理巡检数据并人工审核识别结果的准

确性。当不具备程序自动识别条件时需要由巡检人员进行人工审核,根据电网设备的典型缺陷和隐患特征,在巡检图片和视频中定位缺陷和隐患。

2. 缺陷标注

缺陷标注内容为对巡检图像及视频截取帧图像中的缺陷设备。用矩形框需要标注出图片中缺陷设备部位的准确位置,并依据相关规定标注设备缺陷信息。缺陷标注示例如图 6-2 所示。

(a) 导线损伤

(b) 地线挂点倾斜

(c) 绝缘子破损

(d) 销钉安装不规范

图 6-2　缺陷标注示例

6.1.3　审核与存档

批量缺陷识别和标注工作完成后,巡检人员可在图像审核界面批量审核本次作业任务的所有缺陷标注与标签信息,确保识别审核结果的准确性和完备性,将审核结果导入专用数据库管理,并由管理员审核入库书的规范性。若不具备巡检数据库管理软件,则应采用管理人员抽检的方式进行规范性审核。

6.1.4　典型缺陷分析

1. **缺陷分级**

电网设备在运行过程中，由于天气等客观因素以及设备本身存在的问题，会产生各式各样的缺陷。设备缺陷的存在必然影响设备的安全运行，影响供电可靠性。因此，加强缺陷管理是供电系统设施管理的重要环节，本节在参照 Q/GDW 1906—2013《输变电一次设备缺陷分类标准》的基础上，对各类电网设施所发生的缺陷进行分类、描述，以便于分析统计，找出规律，从而进一步指导设备缺陷管理。

设备缺陷按照其严重程度可分为三级：一般、严重、危急。

（1）一般缺陷指设备虽然有缺陷，但是在一定期间内对设备安全运行影响不大。

（2）严重缺陷也称重大缺陷，指缺陷对设备运行有严重威胁，短期内设备尚可维持运行。

（3）危急缺陷也称紧急缺陷，指缺陷已危及设备安全运行，随时可能导致事故发生。

2. **输电典型缺陷分析**

（1）杆塔类缺陷。

1）典型缺陷。杆塔类典型缺陷主要表现为塔身筑鸟巢、挂异物、铁塔锈蚀、零部件丢失或松动等。

2）缺陷原因。

a.鸟巢：线路周围没有较高树木，鸟类喜欢将巢穴设在杆塔上（如图6-3

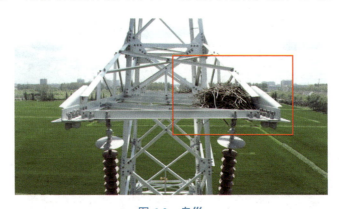

图6-3　鸟巢

所示），可结合地面巡视进行检查统计在鸟类筑巢期后结合登塔检查进行拆除。有些鸟巢还有铁丝铝线，拆除时要远离导线抛掷，防止发生危险。

b. 铁塔锈蚀：

（a）镀锌质量不过关。杆塔新建阶段镀锌材料质量不过关，镀锌工艺不规范，导致运行过程中镀锌层失效过早，使塔材暴露在自然环境下，加速了塔材的锈蚀，缩短了杆塔的自然使用寿命。

（b）长期运行导致塔材锈蚀。架空输电线路长期运行在外部环境下，受雨水、空气等因素影响，产生氧化、腐蚀等化学反应，铁塔塔材容易锈蚀，特别是在沿海地区、酸雾地区、炼铁、炼钢等特殊材料加工厂，石油化工厂等附近区域。杆塔锈蚀如图 6-4 所示。

图 6-4　杆塔锈蚀

（2）绝缘子类缺陷。

1）典型缺陷。绝缘子类典型缺陷主要表现为：自爆、雷击闪电、瓷绝缘子零值等，主要原因为普通绝缘子爬距小，干弧距离不足，反污、防雷能力较低。

2）缺陷原因。

a. 绝缘子闪络：雷雨天气，杆塔落雷后产生过电压，高温短路电流通过绝缘子串放电，造成绝缘子表面烧伤，如图 6-5 所示。

图 6-5　绝缘子闪络

　　b. 绝缘子破损：①生产或施工过程导致机械损伤。在绝缘子生产或搬运、安装过程中，操作不当，导致绝缘子受到磕碰，造成绝缘子表面机械损伤。②绝缘子运行过程中，受风力、雨雪、骤冷骤热天气等自然环境影响，局部应力和疲劳效应等多重因素作用下导致绝缘子损伤。绝缘子破损如图 6-6 所示。

图 6-6　绝缘子破损

（3）导线类缺陷。

1）典型缺陷。导地线类典型缺陷主要表现为：悬挂异物、断股、散股、锈蚀、交叉跨越间距不足等。引下线断股如图 6-7 所示，地线引下线散股如图 6-8 所示。

2）缺陷原因。导地线断股、散股：①施工遗留。施工过程中，施工措施不当、现场防护不到位导致导地线划伤。②微风振动。长期运行过程中，均匀低速下的微风振动是导致导地线受损的重要原因，导地线的微风振动常以驻波形式表示，一定频率下的振荡波在波节点仅有角位移，且在导地线位置上不变，档距两端导地线悬挂点相对各种频率的振荡波均为波节点，受线夹约束不能自由移动，经常受到拉、弯曲和挤压等静态应力，因此该处易产生导地线材料的疲劳断股等损伤。③外力破坏。输电线路周边存在施工、种植等生产活动过程中，导线有可能被触碰导致损伤，如大型机械施工运行过程中碰触导线，导线周边出现爆破或被爆破物击伤导线、线路下方树木生长过高导致线路放电损伤。异物挂线放电烧伤接触部位。

图 6-7　引下线断股

图 6-8　地线引下线散股

（4）接地装置类缺陷。

1）典型缺陷。接地装置类典型缺陷主要表现为接地装置断裂（如图 6-9 所示）、腐蚀、接地电阻不合格、接地装置接地面积不够。

2）缺陷原因。接地装置断裂、腐蚀的主要原因：一是零部件的老化；二是人为的外力破坏，如从事农业活动、盗窃、建设施工等。

图 6-9　接地装置断裂

（5）金具类缺陷。

1）典型缺陷。金具类典型缺陷的主要表现为：间隔棒跑位、金具磨损、金具锈蚀等。金具磨损主要发生在山区线路，特别是线夹和 U 环是磨损最为严重点。U 形挂环缺销钉如图 6-10 所示的。

2）缺陷原因。螺栓平帽、缺螺母、缺销钉、缺垫片：施工人员安装螺栓时，螺栓力矩不够，在风力作用下，使螺栓松动；或是施工安装时，销钉、垫片未严格按要求安装。

图 6-10　U 形挂环缺销钉

（6）附属设施类缺陷。

1）典型缺陷。附属设施类典型缺陷主要表现为：杆号牌、相位牌等标识缺失，标识褪色、色标不清、防鸟设施缺失、未安装到位。杆号牌模糊不清如图 6-11 所示。

2）缺陷原因。

a. 杆塔号牌生锈：塔号牌在自然环境下受到大气、紫外光的腐蚀而生锈。

b. 杆号牌缺失：安装不牢固，杆号牌掉落；施工阶段遗留问题。

图 6-11　杆号牌模糊不清

（7）通道环境类缺陷。

1）典型缺陷。通道环境类典型缺陷的主要表现为：线路下方安全距离内有树木及房屋，线路旁有工程施工作业，线路通道内隐患主要以彩钢瓦、塑料大棚、塑料薄膜、垃圾堆场、附近有危及线路安全的漂浮物、采石（开矿）、藤蔓类植物攀附杆塔，杆塔本体有鸟巢、塔基被水浸泡、基础周围有无覆土情况、有无塌陷、护坡破损、附近有水闸。

2）缺陷原因。线路下方安全距离内有树木及房屋：线路通道内树木向导线方向生长而生长造成距离不够，档距中间清理树木加大宽度。

线路旁有工程施工作业：线路通道内有施工作业，存在起重机械、打桩、钻探、开挖等作业。

6.2　红外巡检数据处理分析

6.2.1　数据分析

对采集的红外图像进行重命名，名称要包含线路名、杆塔号、相位、设备名称等关键信息，具体命名规范参考相应的拍摄指导手册及导则标准。

整理导出红外图像记录的增益、温湿度、采集距离等数据，利用相机红外热分析工具（TSDK）提取拍摄红外图像的温度信息。

为了清晰呈现关键设备的轮廓及温度测量，日间拍摄图像推荐使用铁红、热铁配色，夜间拍摄图像推荐使用描红配色。

6.2.2　红外数据格式及处理要求

红外图像推荐采用 R–JPEG 格式存储，要保留采集的温度信息。红外通用数据文件存储格式按照 DL/T 664—2016《带电设备红外诊断应用规范》的规定。

录制的视频格式推荐采用 MP4 格式，记录存储下温度信息，视频分辨率不低于 640×480 像素，帧率不低于 30Hz。

数据采集时应调整合适焦距，使红外图像清晰，测温设备在镜头视野范围内。可见光拍摄图像清晰，不发生曝光异常或虚焦模糊等现象。

无人机红外巡检数据处理采取自动分析与人工判别相结合的原则。人工判别应针对红外巡检缺陷数据进一步识别确认，校对修正数据自动分析结果。

对导地线、金具、避雷器、电缆接头等设备应按照 DL/T 664—2016《带电设备红外诊断应用规范》进行判别。

对绝缘子（串）部件，宜在环境湿度 70% 以下开展夜间拍摄。相对温升大于 3K 时，应通过不同相间绝缘子温度比对或多次复测，确认是否存在异常发热缺陷。

巡检工作完成后，需将巡检数据导出、命名并存储至指定文件夹，并对图像进行缺陷识别与标注，缺陷图片命名规则如下："电压等级 + 线路名称 + 杆号" –"缺陷简述"示例：500kV 甲乙 1234 线 15 号塔 –B 相复合绝缘子发热。

每条线路红外巡检完成应在 10 个工作日内编制完成线路无人机红外巡检报告。巡检报告应按线路详细列示缺陷清单、缺陷性质在附图上标示出每处缺陷，报告格式详见第 6.4 节。

6.2.3　红外图像分析工具要求

红外图像分析工具应具备红外数据导入、红外图像显示、不同调色板渲染等基本显示功能，如图 6-12 和图 6-13 所示。

应具备图片及录像播放功能，可实现修改温湿度、测温视频截取、测温图片截取、格式转换、点线区域测温、等温线显示、电平梯度调节、伪彩色显示、数据预览、数据导出、报告生成和基础参数设置等基本功能，如图 6-14 ～图 6-16 所示。

应具备点测温、直线测温、面测温等基本测量功能。

应具备智能分析功能，可以自动化及半自动化提取设备区域或缺陷区域，所有测温分析的温度数据（含最大值、最小值、平均值）可导出进行分析。

应具备故障缺陷报告导出功能，以可视化的形式展示分析结果，便于查看和理解，报告格式详见第 6.4 节。

图 6-12　数据导入

图 6-13　选择原始数据

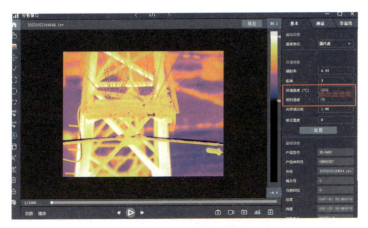

图 6-14　修改温湿度

图 6-15　点击截图

图 6-16　数据导出

6.2.4　红外图像智能分析要求

（1）基于深度学习算法和相关技术：红外图像智能分析应以深度学习算法和相关技术为基础，充分利用深度学习的自学习能力，对红外图像中的电力设备进行自动检测、识别和故障分析。

（2）自动检测、识别和故障分析能力：红外图像智能分析应具备对电力设备的自动检测、识别和故障分析能力。通过对红外图像的处理和分析，能够主动识别拍摄部件、拍摄部件自动框选、测温、生成同相温差对比或生成绝缘子测温曲线等。

（3）自动标注缺陷位置、判定缺陷等级、提取缺陷信息并对缺陷自动命名：红外图像智能分析不仅应能检测和识别电力设备中的缺陷，还应能自动标注缺陷位置、判定缺陷等级、提取缺陷信息，并对缺陷进行自动命名，以方便后续的故障处理和维修工作。

（4）智能分析模块设计：智能分析主要依赖于算法模型，模型分为分类模型、目标检测模型、目标分割模型等。这些模型应结合实际应用业务场景设计，以实现降本增效，为基层减负的目标。

（5）样本库的建立与管理：为了训练和优化算法模型，需要建立基础样本库，并确保样本标签采用统一的格式创建。分类标签记录图像名和标签名，存储为 TXT 文件。目标检测标签以 PascalVOC 格式存储为 XML 文件，目标分割标签以 PacalVOC 格式存储为 PNG 文件。通过规范样本库的建立和管理，可以提高模型训练的效率和准确性。

6.3　三维激光扫描数据处理分析

6.3.1　概述

三维激光扫描结合可见光影像数据在输电线路上的应用可以有效解决上述问题，尤其是其获取的点云数据，可以提供线路检测需要详细信息，并为三维建模提供支撑。随之而来，开展基于三维激光扫描数据的点云数据处理、输电线路及通道地物特征提取、点云数据空间分析及输电线路工况模拟等分析工作，可为各供电局提供精确的输配电线路安全隐患检测，提高架空线路运维效率。

6.3.2　数据处理与分析

1．数据处理

（1）数据预处理。对原始数据进行解码，获取 GPS 数据、IMU 数据和激光扫描仪数据等。将同一架次的 GPS 数据、IMU 数据、地面基站观测数据、飞行记录数据、基站控制点数据和激光数据等进行整理，生成满足要求的点云数据。

（2）POS 数据处理。POS 数据处理要求如下：

1）联合 IMU 数据、GPS 数据、基准站观测数据、基准站坐标进行 POS 数据解算，生成 POS 数据。

2）通过 GPS 定位精度、姿态分离值等指标进行综合评定。

3）导出航迹文件成果，POS 数据格式可为 TXT、POS 或其他格式存储。

4）填写 POS 数据处理结果分析表（可根据实际在处理软件预设）。

（3）点云数据解算。点云数据解算要求如下：

1）联合 POS 数据和激光测距数据，附加系统检校数据，进行点云数据解算，生成三维点云。

2）点云数据可采用 LAS 格式、ASCII 码格式或其他格式存储。

3）解算时对点云进行裁剪，只保留正式航线上的点云数据，生成线路走廊，提高处理效率。

（4）真彩色点云生成（视实际作业目的执行本操作）。利用采集的影像数据和分类后的激光点云数据对航摄影像进行正射纠正，将纠正后的影像与激光点云进行融合，实现将影像所富含的色彩信息赋给相应的激光点云。生成的彩色点云要求纹理丰富、颜色直观、位置准确。

（5）点云数据裁剪。根据杆塔位置和实际关注的线路走廊宽度对点云数据进行裁剪，减少点云数据量，提高处理效率。

（6）点云数据分类。对输电线路走廊的激光点云扫描数据进行快速自动化分类和精细化分类，所有分类对象进行不同的作色。

快速自动化分类的对象包括默认类别、地面、植被、导线和杆塔。快速自动化分类作色要求见表 6-1。

表 6-1　　　　快速自动化分类作色要求

类别编号	中文名称	点云颜色（RGB）
1	默认类别	（133,133,133）

类别编号	中文名称	点云颜色（RGB）
2	地面	（160,95,65）
3	植被	（0,255,65）
4	导线	（255,0,255）
5	杆塔	（0,0,255）

精细化分类包括：实现杆塔、高植被、植被、架空地线、电力线、绝缘子、跳线、间隔棒、地面、建筑、公路、被跨越杆塔、其他杆塔、被跨越电力线、其他电力线、铁路、弱电线路、铁路承力索或接触线、变电站、桥梁、水域、管道、河流等分类。

所有精细化分类作色要求见表 6-2。

表 6-2　　　　　　　　　　所有精细化分类作色要求

类别编号	中文名称	点云颜色（RGB）
1	默认类别	（133,133,133）
2	地面	（160,95,65）
3	植被（高植被）	（0,255,65）
4	导线	（255,0,255）
5	杆塔	（0,0,255）
6	建筑物	（255,185,180）
7	公路	（40,70,110）
8	铁路	（130,115,100）
9	铁路承力索或接触线	（130,115,100）
10	河流	（75,140,180）
11	管道	（128,64,64）
12	索道	（5,188,165）
13	绝缘子	（255,128,192）
14	架空地线	（115,5,150）
15	被穿越电力线（上跨）	（255,128,64）
16	被跨越电力线（下跨）	（255,128,0）
17	跳线	（250,55,85）
18	被跨越杆塔	（24,5,100）
19	其他	（70,110,80）

2．数据分析

根据激光点云数据对线路走廊进行当前和最大工况隐患分析，包括巡检线路总体统计分析、安全距离检查、交叉跨越检查以及最高气温、最大风速、最大覆冰厚度等情况下的线路安全检测分析。

（1）当前工况快速分析。根据自动化点云的分类情况，实现对输电线路的紧急和重大缺陷的安全距离进行快速分析。

（2）当前工况详细分析。根据对点云数据的精细化对象分类情况，实现对输电线路的一般、紧急和重大缺陷的安全距离进行检测分析，实现对输电线路的交叉跨越进行检测。

（3）最大工况分析。实现对输电线路在最高气温、最大风速、最大覆冰厚度等最大工况下的线路安全检测分析。

（4）杆塔倾斜分析。基于点云数据实现输电线路的杆塔倾斜分析。

（5）杆塔基本台账分析。根据点云数据，分析杆塔的基本台账，包括经度、纬度、塔基高程、塔顶高程、绝缘子串类型、杆塔转角、档距等基本台账信息。并和 4A 系统的杆塔台账资料进行对比分析。

（6）导线风偏分析。根据点云数据，完成输电线路的风偏分析。

（7）树木生长分析预测。根据点云数据，完成通道树木生长分析预测。

（8）数据跟踪分析。根据激光点云数据分析结果开展后续预试定检支持、覆冰监测支持、缺陷闭环跟踪、基础台账整改跟踪分析。

6.3.3　作业实例（以 500kV 以上电压等级为参考）

针对上述三维扫描数据处理分析，对 500kV 以上电压等级部分隐患做具体实例分析，见表 6-3。

表 6-3　　　　　500kV 以上电压等级部分隐患具体实例分析

部位编号	隐患种类	示例	分类方法
1	500kV 杆塔倾斜		点云颜色（RGB） 地面 植被（高植被） 导线 杆塔 绝缘子 架空地线

部位编号	隐患种类	示例	分类方法
2	500kV 工况模拟安全距离分析		点云颜色（RGB） 地面 植被（高植被） 导线 杆塔 绝缘子 架空地线
3	500kV 交叉跨越		点云颜色（RGB） 地面 植被（高植被） 导线 杆塔 绝缘子 架空地线 被穿越电力线（上跨） 被跨越电力线（下跨） 跳线 被跨越杆塔
4	500kV 跨公路		点云颜色（RGB） 地面 植被（高植被） 导线 杆塔 绝缘子 架空地线 公路

续表

部位编号	隐患种类	示例	分类方法
5	500kV 跨建筑		点云颜色（RGB） 地面 植被（高植被） 导线 杆塔 绝缘子 架空地线 建筑物
6	500kV 跨建筑＋交叉跨越		点云颜色（RGB） 地面 植被（高植被） 导线 杆塔 绝缘子 架空地线 建筑物 被穿越电力线（上跨） 被跨越电力线（下跨） 跳线 被跨越杆塔
7	500kV 跨铁路		点云颜色（RGB） 地面 植被（高植被） 导线 杆塔 绝缘子 架空地线 铁路 铁路承力索或接触线

续表

部位编号	隐患种类	示例	分类方法
8	500kV 典型树障 1		点云颜色（RGB） 地面 植被（高植被） 导线 杆塔 绝缘子 架空地线
9	500kV 典型树障 2		点云颜色（RGB） 地面 植被（高植被） 导线 杆塔 绝缘子 架空地线
10	500kV 工况模拟安全距离分析		点云颜色（RGB） 地面 植被（高植被） 导线 杆塔 绝缘子 架空地线
11	500kV 跨公路		点云颜色（RGB） 地面 植被（高植被） 导线 杆塔 绝缘子 架空地线 公路
12	500kV 跨河流		点云颜色（RGB） 地面 植被（高植被） 导线 杆塔 绝缘子 架空地线 河流 管道 索道

续表

部位编号	隐患种类	示例	分类方法
13	500kV 典型树树障 3		点云颜色（RGB） 地面 植被（高植被） 导线 杆塔 绝缘子 架空地线
14	500kV 典型树树障 4		点云颜色（RGB） 地面 植被（高植被） 导线 杆塔 绝缘子 架空地线
15	分析报告示例		—

6.4 无人机电力红外巡检缺陷报告模板

无人机电力红外巡检缺陷报告模板图如图 6-17 所示。

线路名称	500kV ×× 甲乙 1234 线			设备类型		绝缘子	
杆塔名称	15 号			相 别		B 相	
拍摄日期	2021-08-25 18:47:57			检测人员		张 ××	
负荷情况	1014.2 A			测试距离		10.0m	
测试仪器	M300 RTK+ 高配热像仪			额定电压		500kV	
辐射率	0.95	环境温度:	25.0℃	湿度	65%	湿差	24.1K
图 1 最高温	51.3℃	图 1 最低温		26.9℃	图 1 平均温		30.6℃
图 2 最高温	50.4℃	图 2 最低温		34.6℃	图 2 平均温		37.7℃

红外图谱（图 1）

复测红外图谱（图 2）

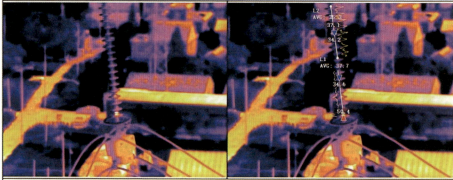

1. 检查结果：诊断分析和缺陷性质：
   设备类别和部位：绝缘子；瓷绝缘子；
   热像特征：B 相小号侧复合绝缘子最高温 51.3℃，同相正常温 27.2℃，温差 24.1K
2. 结论与建议：判断为疑似复合绝缘子芯棒异常发热缺陷，建议加强跟踪并安排复检并安排计划消缺

报告人员	张 ××	报告日期	20××-××-××

图 6-17 无人机电力红外巡检缺陷报告模板

章后导练

基础演练

1. 可见光数据处理的三个主要步骤是什么？请详细解释每个步骤的内容。

2. 什么是缺陷识别与标注？如何在实际工作中进行缺陷识别与标注？

3. 审核与存档的目的是什么？如何确保数据的准确性和完整性？

4. 红外巡检数据处理分析的具体步骤有哪些？它们的作用分别是什么？

5. 红外数据分析的要求是什么？为什么需要满足这些要求？

6. 三维扫描数据处理分析的应用内容有哪些？它们在实际工作中的作用是什么？

提高演练

1. 请说明如何从可见光数据中判断缺陷，以及如何分析缺陷产生的原因。

2. 请解释数据格式及处理、分析工具、智能分析在红外数据分析中的重要性。

3. 请通过一个实际作业示例详细解释三维数据的分类方法与报告示例。

4. 如何提高红外数据分析的准确性和可靠性？有哪些常用的优化方法？

5. 在三维扫描数据处理中，如何保证数据的精度和完整性，以及如何进行有效的数据分类和分析？

典型练习题

参考文献

[1] 金鑫，刘铎，褚夫飞，等．无人机技术在架空输电线路通道巡检中的应用［C］．电工技术，2021．

[2] 缪希仁，刘志颖，鄢齐晨．无人机输电线路智能巡检技术综述［C］．福州大学学报，2020．

[3] 王焕，陈杰．无人机巡检技术在架空输电线路巡检中的实践应用［C］．科技创新，2020．

[4] 王金会．架空输电线路无人机巡检技术研究进展［C］．冶金与材料，2022．

[5] 国网上海市电力公司超高压分公司．电力行业无人机应用典型案例［M］．北京：中国电力出版社，2023．

[6] 张祥全，苏建军．架空输电线路无人机巡检技术［M］．北京：中国电力出版社，2016．

[7] 国网浙江省电力公司．电网企业一线员工作业一本通［M］．北京：中国电力出版社，2016．

[8] 戴永东．电网无人机巡检技能实训教材［M］．北京：中国水利水电出版社，2022．

[9] 输变电工程无人机倾斜摄影测量技术规程［M］北京：中国电力出版社，2022．

[10] 架空输电线路无人机激光扫描作业技术规程［M］北京：中国电力出版社，2022．

[11] Q/GDW 1906—2013 输变电一次设备缺陷分类标准［S］．国家电网公司，2014．